Practical *Hexagrammos otakii* Artificial Breeding, Aquaculture and Stock Enhancement

大泷六线鱼人工繁育及增养殖技术研究

郭 文 潘 雷 胡发文 著

中国海洋大学出版社
·青岛·

图书在版编目(CIP)数据

大泷六线鱼人工繁育及增养殖技术研究 / 郭文，潘雷，胡发文著 . —青岛：中国海洋大学出版社，2019.3

ISBN 978-7-5670-2294-2

Ⅰ. ①大… Ⅱ. ①郭… ②潘… ③胡… Ⅲ. ①海水养殖—鱼类养殖 Ⅳ. ① S965.3

中国版本图书馆 CIP 数据核字（2019）第 146041 号

出版发行 中国海洋大学出版社
社　　址 青岛市香港东路 23 号　**邮政编码** 266071
出 版 人 杨立敏
网　　址 http://pub.ouc.edu.cn
电子信箱 1079285664@qq.com
订购电话 0532-82032573（传真）
责任编辑 孟显丽　**电　　话** 0532-85901092
印　　制 青岛国彩印刷股份有限公司
版　　次 2019 年 7 月第 1 版
印　　次 2019 年 7 月第 1 次印刷
成品尺寸 170mm × 240mm
印　　张 14.25
字　　数 204 千
印　　数 1~1500
定　　价 82.00 元

自然受精卵块　　　　人工授精卵片

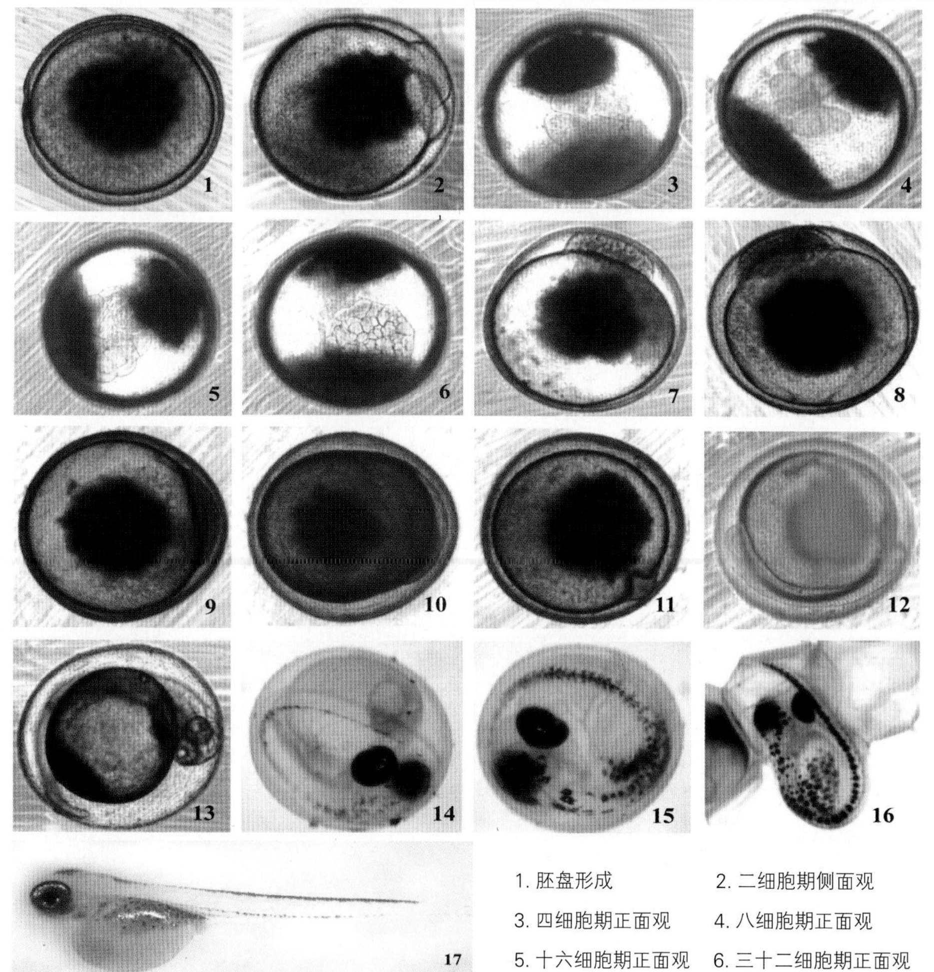

1. 胚盘形成　2. 二细胞期侧面观　3. 四细胞期正面观　4. 八细胞期正面观　5. 十六细胞期正面观　6. 三十二细胞期正面观　7. 六十四细胞期侧面观　8. 高囊胚　9. 低囊胚　10. 原肠期　11. 神经胚期　12. 尾芽期　13. 肌肉效应期　14. 孵出前期（绕卵 1 周）　15. 孵出前期（绕卵 1 周半）　16. 孵化期　17. 初孵仔鱼

大泷六线鱼胚胎发育

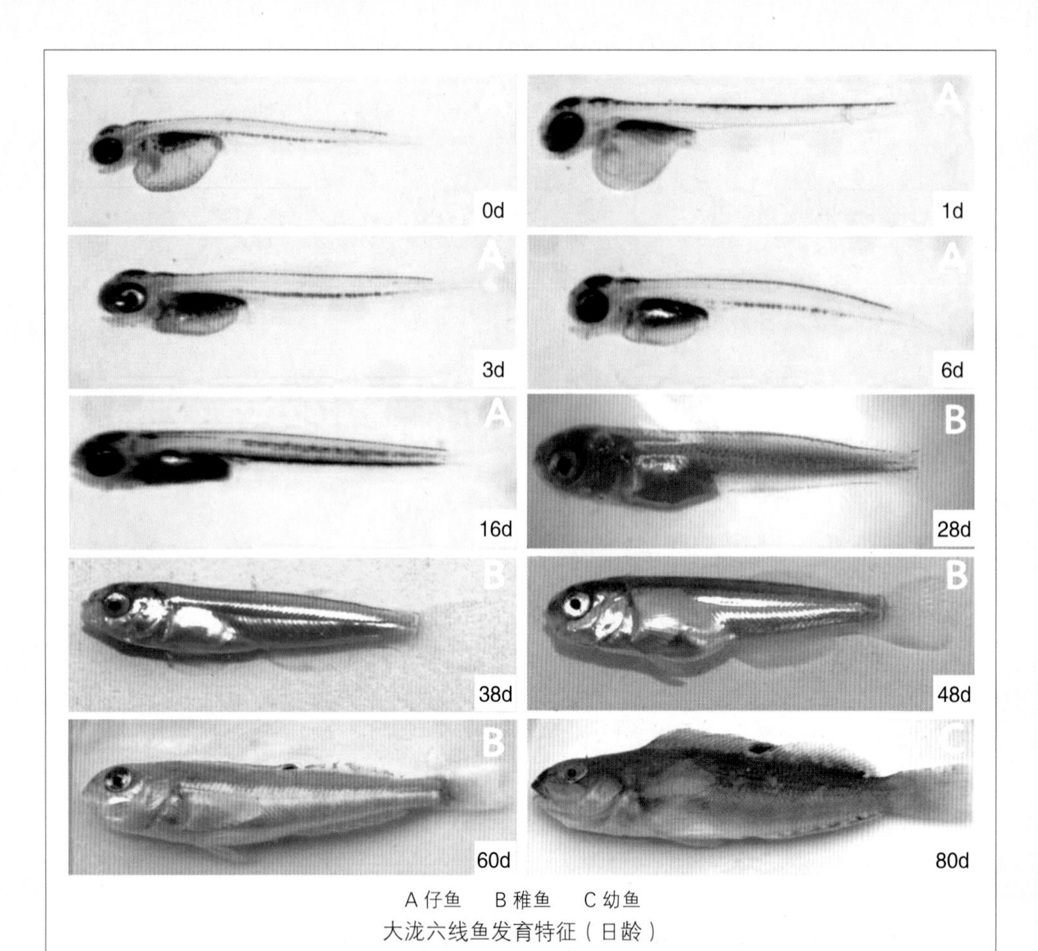

A 仔鱼　B 稚鱼　C 幼鱼

大泷六线鱼发育特征（日龄）

仔、稚、幼鱼尾部形态发育特征（日龄）

亲鱼培育

成熟雌鱼

未成熟精巢

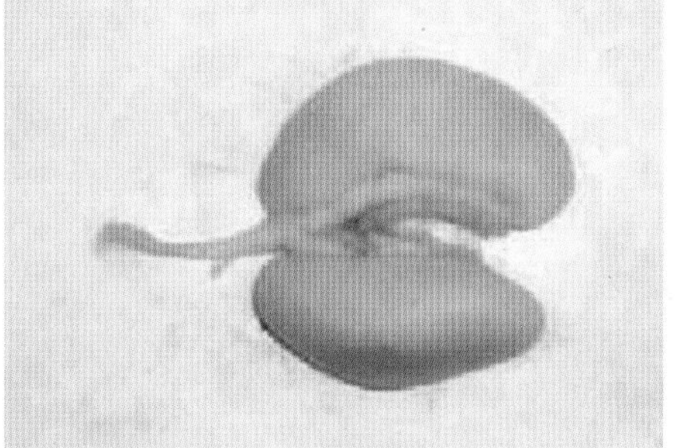
成熟精巢

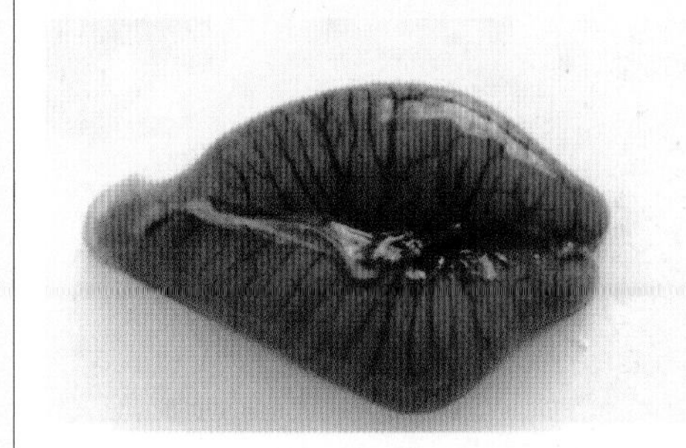
未成熟卵巢

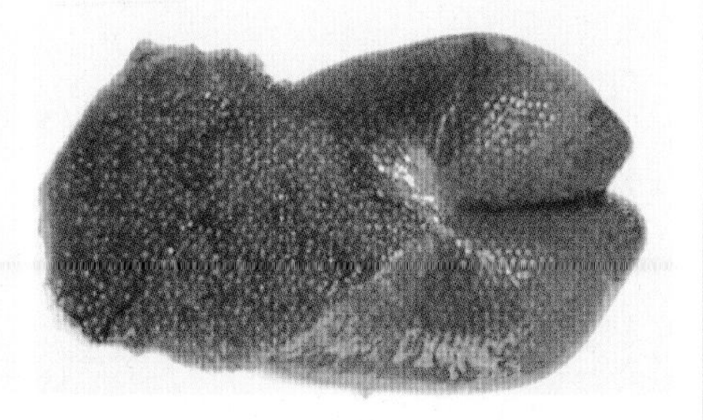
成熟卵巢

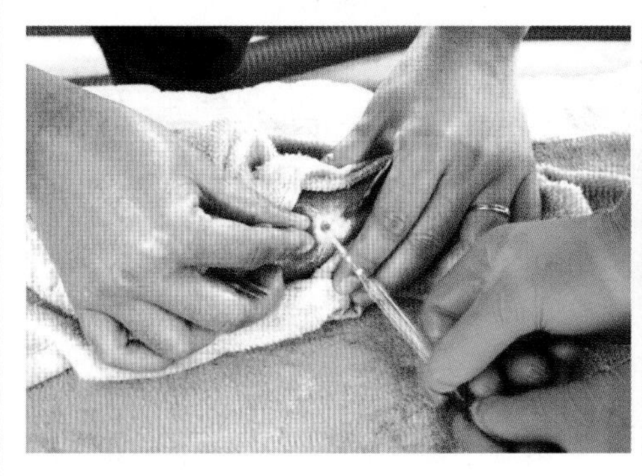
人工采精

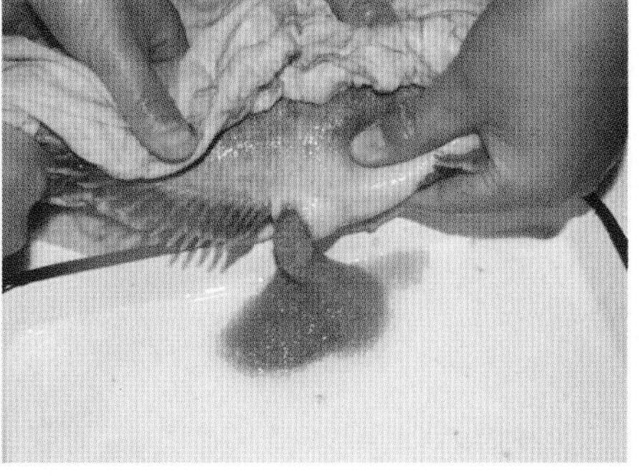
人工采卵

人工孵化

人工繁育苗种（2 月龄）

幼鱼（3 月龄）

大规格苗种

养殖商品鱼

增殖放流

工厂化养殖车间

海上网箱养殖

序

海蓝蓝，水深深。大海里蕴藏着巨大的渔业资源，它曾为人类提供了充足的水产品，如今却已无法满足人类日益增长的对水产品的需求。

中国是世界上鱼产量最多的国家，其迅速发展的海水增养殖产业的产量更是独占世界鳌头。几十年来，伴随我国水产业的高速发展，我国已越过传统渔业，迈进了现代渔业时代。现代渔业的重要特征是渔业的机械化、自动化和可持续性，但它的负面影响是资源衰退，甚至水域的荒漠化。为此，加强渔业管理和有序发展水产增养殖，是现代渔业的必然选择。

本书正是遵从现代化渔业发展的理念，选择优质鱼种，开展增养殖基础及其关键技术的研究，以期为我国近海鱼类增养殖提供模式鱼种和技术。大泷六线鱼就是属于这类优质并富有增殖潜力的鱼种。它具有生长较快，肉味鲜美，附礁、无远距离迁移，并能在我国北方海区越冬等特点，上述优良性状使其成为黄、渤海稀缺且不可多得的种质资源选择。但世上不会有完美无缺的生物种，通常一个优良性状的背面，往往又是另一优良性状制约的再现。大泷六线鱼增养殖技术的难点在于，作为冷温性种类可在我国北方水域越冬，但沉性黏着卵的孵化期长、孵化率不高，导致长期以来，大规模人工繁育技术难以过关，从而成为苗种培育产业化的“瓶颈”。本书著者正是着眼于该鱼繁殖生理、生态学特征基础研究，进而开展人工繁育和增殖技术的试验研究，使该鱼的人工繁育技术取得突破性进展，并促使规模化人工苗种培育获成功。

山东省海洋生物研究院是我国成立较早、以海水养殖为特色的专业性研究单位，鱼、虾、贝、藻研究成果丰硕。本书是以郭文研究员为主的大泷六线鱼研究团队多年研究成果基础上，在繁殖生物学及人工繁殖技术方面的重大创新与突破的总结。

我热诚期盼山东省海洋生物研究院的同行，取得更大成就，为国家海水养殖事业做出更大贡献。

中国海洋大学　教授　陈大刚

2019 年于青岛

前言

我国海域辽阔，从北到南，海岸带纵跨温带、亚热带和热带三大气候带，跨越37.5个纬度，总面积达300万平方千米，相当于陆地面积的1/3。优越的自然环境为海洋生物提供了极为有利的生存繁衍条件，造就了物种丰富、种类繁多的海洋生物资源，开发和利用的潜力巨大。渔业是国民经济的重要产业，是大农业的重要组成部分，为人类提供了大量优质动物蛋白。我国海水养殖规模、产量及种类等均处世界首位，开发海洋渔业资源已经上升为国家粮食安全战略。

鱼类是海洋生物中的大家族，是海水养殖产业中的主要养殖对象。海水鱼类增养殖是我国水产领域最重要的发展方向，随着以鱼类养殖为代表的第四次海水养殖浪潮的兴起，我国海水鱼类养殖品种和产量逐年递增，目前在我国人工养殖的海水鱼类品种接近60种，涵盖29科。

大泷六线鱼又名欧氏六线鱼，俗称黄鱼、黄棒子，是我国北方固有的重要海水经济鱼类之一。外形美观，肉质细嫩，味道鲜美，营养丰富，深受我国北方沿海地区人民群众的喜爱，是人民群众生活需求量最大的主要鲜活海水鱼之一，素有“北方石斑”之美誉，市场价格常年维持在200元/千克以上。主要分布于我国的黄海、渤海地区，属于冷温性近海底层岩礁鱼类，低温适应性强，在北方养殖海区可以安全越冬。成鱼体长一般在30～40 cm，最大个体全长可达60 cm。大泷六线鱼为秋冬季产卵鱼类，自然繁殖季节在10月中下旬至11月下旬，产黏性卵，卵粒较大，怀卵量较少，单尾卵量一般在1万粒以内。适宜生长水温8℃～23℃，最适生长水温16℃～21℃。常年栖息于水深50 m以内的岩礁区，洄游活动范围很小，是最适宜礁湾增殖放流、恢复自然资源、修复生态环境的鱼种。大泷六线鱼适合我国北方网箱养殖，是重要的网箱养殖对象，亦是广大垂钓爱好者的主要渔获对象。大泷六线鱼因其高品质、高价值，需求愈来愈大，已成为广大科研工作者和养殖企业开发研究的主要对象之一。

有关大泷六线鱼的研究可以追溯到20世纪60年代，国外学者首先对其地理分布和生活史进行了简单描述。随后的半个多世纪，国内外学者对大泷六线鱼的生长规律、繁殖习性、营养组成、摄食特点等多方面进行了研究。期间多个研究团队在大泷六线鱼人工繁育方面开展了研究试验，但未取得关键技术突破。究其原因主要在于大泷六线鱼卵的高黏性繁殖特性，人工采卵授精和孵化异常困难，被国内外学者称为世纪难题。

2005年年底，山东省海洋生物研究院成立研究团队，开始针对大泷六线鱼的人工繁育进行技术攻关。起初研究团队对大泷六线鱼的人工繁育研究试验均以失败告终。研究团队在对大泷六线鱼自然状态下产卵、受精及孵化过程充分观察和研究的基础上，模拟自然环境下大泷六线鱼的产卵生境，在面积600 m^2、深度2.5 m的大型露天水泥池内，设置石头礁、贝壳礁；附生培育海带、裙带菜、鼠尾藻、海黍子等大型海藻；采取人工措施制造水流、自然光照调节、充气增加溶氧等不同的诱导自然产卵模式，但都没有获得成功。后来，试验改在室内苗种试验车间内进行，在单个面积25 m^2，池深1.2 m的若干水泥池中进行试验，通过人工控制环境因子，采取多种人工诱导采精、采卵模式，同样没有获得成功。再后来，研究团队拓展思路、汲取教训、总结经验、另辟蹊径，最终在大泷六线鱼繁殖生物学、发育生物学、生理生态学、营养生理学、苗种规模化繁育、健康养殖、增殖放流等方面取得了诸多突破性研究成果，建立了大泷六线鱼全人工繁育技术体系，为产业发展奠定了理论与生产基础，逐渐发展到现在初具规模的产业化模式。近年来，山东省在“海上粮仓”发展战略的指导下，积极实施开展海洋牧场建设，推动了海水鱼类增养殖业向纵深发展，大泷六线鱼作为公认的渔业增殖和资源修复的海水鱼类理想品种之一，其养殖规模和市场需求不断增大，生态效益、社会效益和经济效益显著。

历经13年的刻苦攻关，经历了若干失败与困惑，成功与喜悦，研究团队始终团结一致、攻坚克难、坚持不懈、终斩收获，我们倍感欣慰！目前，山东省大泷六线鱼的产业化水平已经初具规模，河北、辽宁等省地也开始向规模化产业化发展，这是我们团队向海洋渔业产业奉献的一份答卷。在此我衷心感谢在项目实施过程中，各位专家、同仁、同事的无私支持、热情帮助与鼓励。

中国有句古话叫“授人以鱼不如授人以渔”。本书是研究团队全体科研人员对十多年科研成果的总结，是大家辛勤工作与智慧的结晶。本书在多年实践经验的基础上，结合近年来大泷六线鱼人工繁育和养殖技术方面的研究最新进展，分八章着重介绍了大泷六线鱼的生物学基础知识、人工繁育、成鱼增养殖及常见病害的防治等内容。本着理论联系实际，注重实用性、可操作性原则，对大泷六线鱼的繁育和增养殖技术进行了全面总结及详细介绍，可供从事大泷六线鱼养殖的技术人员和生产者参考。

限于水平，书中难免存在疏漏和不足之处，敬请广大读者批评指正。

2019年5月

目录

第一章
Chapter One

大泷六线鱼生物学特性

大泷六线鱼（*Hexagrammos otakii* Jordan et Starks，1895）又名欧氏六线鱼、六线鱼，俗称黄鱼、黄棒子，为冷温性近海底层岩礁鱼类。“大泷”这个名字源自日本明治时代的鱼类学者大泷圭之介，是他将从东京鱼市得到的大泷六线鱼标本，带给了他斯坦福大学的教授美国著名鱼类学家David Starr Jordan，也就是后来为这种鱼命名的人。大泷六线鱼肉质细嫩，营养丰富，味道鲜美，经济价值极高，素有“北方石斑”之称，深受我国沿海地区人们的喜爱。同时它也具有广阔的国际市场，属名贵海水鱼类。大泷六线鱼低温适应能力强，可以在北方沿海自然越冬，是北方网箱养殖的理想种类；常年栖息于近海岩礁和岛屿附近，洄游活动范围小，也是渔业增殖放流和发展休闲渔业的适宜对象。

第一节 分类与分布

一、分类

大泷六线鱼在分类学上隶属于脊索动物门（Chordata）硬骨鱼纲（Osteichthyes）辐鳍亚纲（Actinopterygii）鲉形目（Scorpaeniformes）六线鱼亚目（Hexagrammoidei）六线鱼科（Hexagrammidae）六线鱼属（*Hexagrammos*），学名为 *Hexagrammos otakii*，英文名为 Fat greenling [1]。

从分类学特征来看，大泷六线鱼从属于六线鱼亚目，六线鱼亚目可分 3 科，我国仅产六线鱼科一科，现知有 2 属 4 种 [2]。

属的检索表

1（2）侧线 1 条……………………………斑头鱼属 *Agrammus*

2（1）侧线多条……………………………六线鱼属 *Hexagrammos*

斑头鱼属：体延长，侧扁，侧线每侧 1 条。头稍小，无棘刺棱。中国沿海仅有斑头鱼（*Agrammus agrammus*）一种，隶属于独立的斑头鱼属。

斑头鱼（图 1–1），俗称窝黄鱼、紫勾子，英文名为 Spottybelly greenling，主要分布于西北太平洋的日本北海道南部至九州，朝鲜半岛沿海以及中国东海、黄海和渤海等岩礁或浅水海藻区域，是栖息在近海的冷温性底层鱼类。斑头鱼的形态学特征为：体中长、侧扁、头略尖突；鳞小，栉鳞，覆瓦状排列；体侧各有 1 条侧线，呈斜直状伸达尾鳍基底；体红褐色或深褐色，胸鳍正上方有一深褐色圆斑，体侧具不规则云状斑块，腹侧红黄色，各鳍有红褐色斑纹。背鳍 XVⅢ –21，臀鳍 20，胸鳍 17，腹鳍 I–5，尾鳍 24，鳃耙 4+11。斑头鱼有明显的聚集现象而且数量庞大，全年皆会出现，常与大泷六线鱼混栖。

图 1–1 斑头鱼

六线鱼属：体延长，侧扁，侧线每侧 5 条，无鳔。我国已知有 3 种，分别为叉线六线鱼、大泷六线鱼（图 1–2）、长线六线鱼。

种的检索表

1（2）第四侧线在腹鳍前部分两叉，上枝不伸达腹鳍末端；背侧有 7 ~ 8 暗色横带……………………………叉线六线鱼 *H. octogrammus*

2（1）第四侧线不分叉

3（4）尾鳍后缘凹入；第四侧线不伸越腹鳍末端；背鳍鳍棘部后端有一大棕斑……………………………………大泷六线鱼 *H. otakii*

4（3）尾鳍后缘截形；第四侧线伸达臀鳍中部；背鳍有暗色斑点和云状斑纹……………………………………长线六线鱼 *H. lagocephalus*

二、分布

六线鱼科鱼类主要分布于西北太平洋水域的岩礁近岸水域，包括阿拉斯加海域和阿留申群岛，在北极圈内也有分布。大泷六线鱼主要分布于黄海

图 1–2 大泷六线鱼

和渤海沿岸，也见于朝鲜、日本和俄罗斯远东诸海，在我国主要产自山东和辽宁等地的近海。资源量很少，常年栖息于大陆和岛屿沿海水深 50 m 之内的岩礁附近水域底层，食性杂，喜集群，游泳能力较弱。在垂直分布上，大泷六线鱼栖息于较深的礁石水域，而斑头鱼和叉线六线鱼栖息在相对较浅的藻礁。

大泷六线鱼模式种产地：日本的东京市、青森县、长崎县。

第二节 形态特征

一、生物学特征测量常规项目

大泷六线鱼生物学特征测量常规项目包括全长、体长、头长、头高、体高、眼径、尾柄长、尾柄高等（图 1–3）。

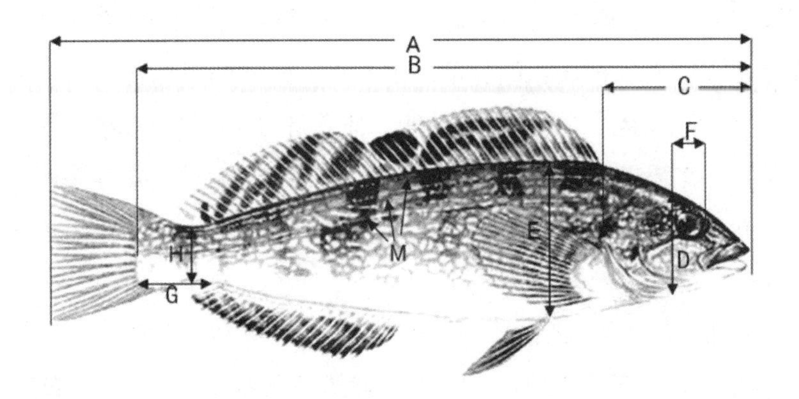

A—全长　B—体长　C—头长　D—头高　E—体高
F—眼径　G—尾柄长　H—尾柄高　M—侧线

图 1–3　大泷六线鱼测量示意图

全长：从头部前端至尾鳍末端的长度。

体长：从头部前端至尾部最后一根椎骨的长度。

头长：从头部前端至鳃盖骨后缘的长度。

头高：从头的最高点到头的腹面的垂直距离。

体高：身体的最大高度。

眼径：从眼眶前缘到后缘的直线距离。

尾柄长：从臀鳍基部后端到尾鳍基部垂直线的距离。

尾柄高：尾柄部分最低的高度。

大泷六线鱼体似纺锤形，侧扁，背缘弧度较小。体黄褐色，通体有白色斑点，背部黄色较深，腹部颜色较浅。头较小，上端无棘和棱。鼻孔两个，位于上颌上方。眼较小，后缘有一对羽状皮瓣突起。自眼隔到尾柄背侧不论个体大小均生有 9 个灰褐色大暗斑。

体长为体高的 1.10 ~ 1.17 倍，体长为头长的 3.48 ~ 4.00 倍，头长为头高的 1.37 ~ 1.59 倍。眼径较小，头长为眼径的 3.29 ~ 4.63 倍。尾柄较长，尾柄长为高的 1.25 ~ 1.79 倍。

背鳍 1 个，长且连续，从鳃盖后方延伸至尾柄处；上有黑色条纹，鳍棘部与鳍条部之间有一浅凹。鳍棘部后上方有一显著的黑棕色大斑。胸鳍较大，侧下位，椭圆形，适合短距离冲刺、捕食猎物。体被小栉鳞，易脱落。身体两侧各有 5 条侧线，其中第 1 条侧线延伸至背鳍后缘，第 4 条侧线始于胸鳍基下方，向后止于腹鳍后端的前上方。臀鳍浅绿色，有多条黑色斜纹。尾鳍后缘截形，微凹，灰褐色。

背鳍的起点始于鳃盖后方，背鳍鳍条数 38 ~ 43 枚，背鳍由一凹刻分为连续的两节；臀鳍鳍条数 18 ~ 22 枚；胸鳍鳍条数 17 ~ 18 枚；腹鳍鳍条数 5 ~ 7 枚，奇鳍鳍条间的鳍膜呈黄色、绿色或橙褐色；尾鳍鳍条 13 ~ 15 枚，鳍条均具在中后部分枝。第三条侧线最长居身体正中，由鳃盖后缘延伸至尾柄后，侧线鳞 80 ~ 128 枚；侧线上鳞 17 ~ 23 枚，侧线下鳞 41 ~ 50 枚，鳞片为小栉鳞。

二、内部解剖特征

1. 口咽腔

鱼类的口腔和咽没有明显的界线，鳃裂开口处为咽，其前即为口腔，故一般统称为口咽腔。口咽腔是鱼类对食物进行运输的主要通道，主要由黏膜层、黏膜下层和肌层等组织构成。大泷六线鱼口前位、口裂较小。上、下颌骨及口盖骨均具有尖锐的细齿，咽部有咽齿，齿尖锐，呈圆锥状，成排排列，外行前方牙齿比较大，适合以小鱼和无脊椎动物为食。舌小而短，具有味蕾，起味觉作用。

2. 鳃

鳃位于咽腔两侧，对称排列，由鳃弓、鳃片、鳃丝、鳃小片构成，大泷六线鱼鳃弓 4 个，第四鳃弓后有一裂孔。鳃耙短而宽，呈三角形，内缘具有小刺，其中第一鳃弓外侧鳃耙数为 16 ~ 19 个。

3. 听囊

大泷六线鱼的听囊内具有 1 对矢耳石，耳石左右对称，外形略呈靴型，边缘具波浪状突起，背部波浪较大，腹部波浪较小，外侧面中间突起。耳石不透明，不具放射纹理。基叶、翼叶区分明显，基叶前端钝圆，长度占耳石长度的 1/3，翼叶前端钝圆，长度占基叶的 1/2，侧叶宽度近似相等（图 1–4）。内侧面听沟开口端较宽，末端尖细，直达耳石后端。核外缘为较薄

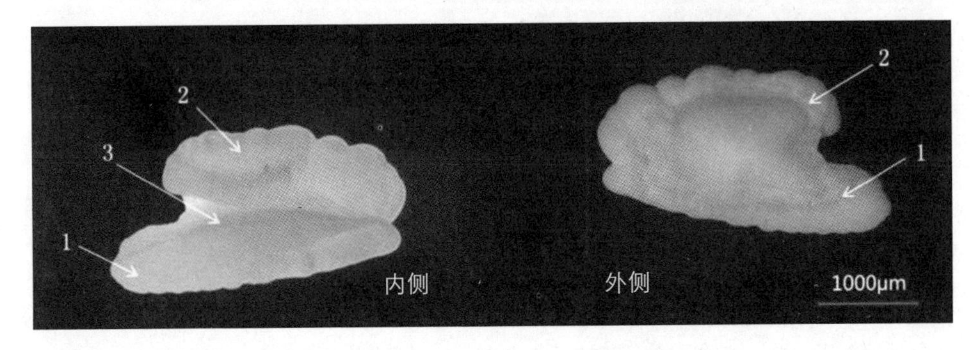

1—基叶　2—翼叶　3—听沟

图 1–4　大泷六线鱼右耳石内、外侧

而窄的透明带，再向外是较厚而宽的不透明带。这种窄的透明带和宽的不透明带相间排列成同心环纹，形成轮纹，此不透明带与透明带分界处即为年轮。大泷六线鱼耳石上也经常出现副轮，但其轮纹不连贯、不规则，不如年轮清晰，出现位置无规律，易于区别。

大泷六线鱼耳石上的年轮每年形成一次，主要形成期是每年 10 月至次年 2 月。不同年龄组形成的时间略有差异，1 龄组有个别个体从 8 月即出现年轮，多数从 9 月、10 月开始形成；2 龄组少数个体从 9 月、多数个体从 10 月开始形成年轮；3 龄组全部从 10 月开始形成新轮；4 龄、5 龄组因个体少无法统计全面，但从 12 月、1 月、2 月所获样品中可见新轮已形成或正在形成。

4. 消化道

大泷六线鱼的消化道（图 1–5）完全排列在腹腔中。食道粗短，只占消化道长的 3.7%，收缩扩张能力较强，有助于迅速推动食物入胃中消化。胃大且壁厚，呈三角形，盘曲于体腔中，占消化道长的 13.9%，可以容纳

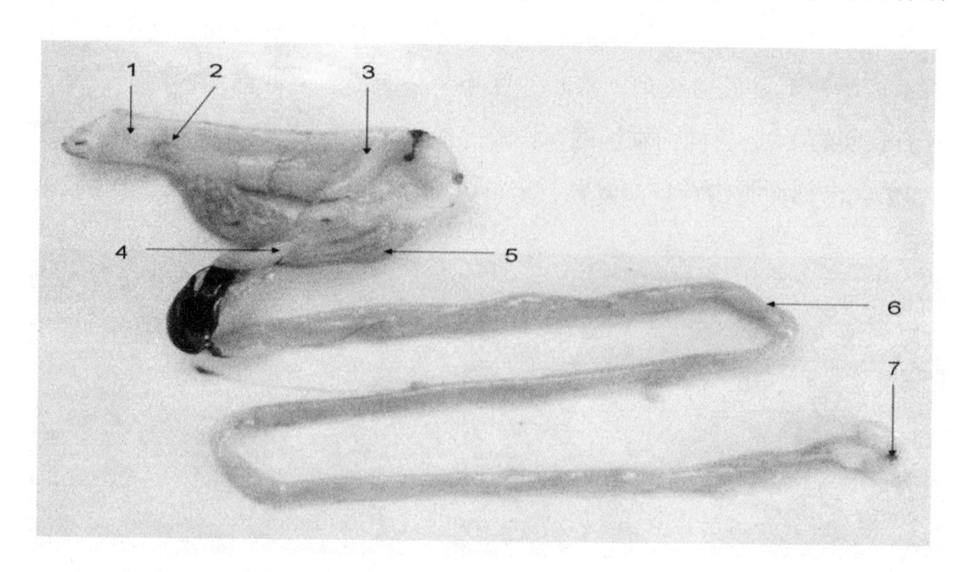

1—食道　2—贲门　3—胃　4—幽门　5—幽门盲囊　6—肠　7—肛门

图 1–5　大泷六线鱼消化道

较多的食物；胃的贲门、幽门处有明显收缢。幽门后部有发达的幽门盲囊 27 ~ 36 枚，可以分泌消化酶并增加吸收面积；肠管粗短，在体内往复三折，肠道占消化道长的 82.3%。肝较大，不分叶，约占整个腹腔的 1/3，覆盖消化腺。胆囊呈绿色，被胃幽门部覆盖。脾在胃幽门部的下面。胰脏呈弥散状，伴随肠系膜绕于肠管间。肾脏紧贴腹腔顶部，暗红色。一对性腺位于腹腔后部，呈左右对称分布。体内无鳔。

5. 肝脏

鱼类的肝脏为实质性器官，是消化系统中最主要的消化腺，在鱼类的消化吸收、物质代谢、解毒和防御等生命活动中扮演着极为重要的角色。肝脏主要位于腹腔前部，前端由系膜和韧带悬挂在心腹隔膜的后方，后端游离于腹腔内。

大泷六线鱼肝脏内结缔组织较少，肝小叶分界不明显，符合硬骨鱼类肝脏的共同特征。肝细胞索围绕中央静脉呈不规则的放射状排列，肝血窦狭窄，肝门管区不明显，也与大多数硬骨鱼类肝脏特征相吻合。肝脏细胞中存在由脂滴和糖原形成的大量空泡状结构，说明肝脏是大泷六线鱼重要的能量贮存器官。大多数硬骨鱼类肝脏细胞通常只有单核结构，仅有少数几种鱼类中发现了双核肝细胞，这与哺乳动物肝脏细胞具有多核现象有着明显的区别。大泷六线鱼肝脏细胞为单核细胞，没有发现双核现象。

6. 脾脏

脾脏是真骨鱼类唯一的淋巴结状器官，与哺乳动物的脾脏在组织结构上有较大的差别。鱼类脾脏具有造血与免疫机能，是一个多功能的复合器官。鱼类脾脏一般呈暗红色，位于前肠（胃）的前部背面，长条状，表面光滑，背面凸，腹面平；外面有薄层的被膜覆盖，由薄层结缔组织和单层扁平上皮细胞组成，不发达。由于鱼类体形、生活环境、进化程度存在差异，其脾脏往往表现出结构和功能上的多样性。

大泷六线鱼脾脏中脾小梁不明显，被膜中没有平滑肌纤维，脾髓中红髓和白髓混合分布，界限不清，未见脾小结和生发中心，这与哺乳动物的脾脏结构有很大差异。在大泷六线鱼脾脏中发现有大量黑色素巨噬细胞中心分布，但外围没有扁平细胞组成的周边层。大泷六线鱼脾脏中存在丰富的淋巴细胞群、红血细胞群，并且其粒细胞有一定的集聚，这都说明其脾脏有造血、免疫、贮血功能。

第三节 生态习性

一、生活习性

大泷六线鱼为冷温性近岸底栖恋礁鱼类，较耐低温，生存温度2℃~26℃，适宜生长水温8℃~23℃，最适生长水温16℃~21℃，在黄、渤海区域可以自然越冬。适应的盐度为10~35，最适宜生长盐度为26~32。大泷六线鱼惰性强，平时游动甚少，多底伏在近海岩礁区，栖息在有遮蔽物、光线微弱的礁石间。身体呈纺锤形，这种体形有利于在礁石间穿梭游动及捕食。

二、摄食习性

鱼类的摄食食性与其栖息环境有着十分密切的关系，并与其消化器官的形态结构相适应，这是鱼类在长期演化过程中对环境条件不断适应的结果。摄食是鱼类最重要的生命活动之一，它决定鱼类的生存，摄食状况直接影响其生长、发育和繁殖等。

大泷六线鱼为杂食性鱼类，适应能力较强，全年均摄食，食谱较广，喜好虾、鱼、沙蚕和端足类等。繁殖期摄食量下降，但不停食，产卵后摄食强烈。摄食动作较斑头鱼更为敏捷，经常快速地窜起掠食中、上层饵料，很少像斑头鱼待食物下降到中、下层后才去摄食。大泷六线鱼幼鱼与成鱼之间食性转换不明显，成鱼以鱼、虾、蟹为主，幼鱼饵料中端足类、等足类和幼蟹等常见，均属底栖动物食性，这反映了大泷六线鱼的成鱼和幼鱼均营底栖生活。大泷六线鱼摄食的生物类群存在明显的季节变化，春、夏季以虾类和鱼类出现频率较高，端足类和等足类也较常见；秋、冬季以蟹、虾和鱼常出现，多毛类除秋季外均较常见。虾类在四季中均是最主要的饵料生物类群，出现的频率最高。

三、生长特征

大泷六线鱼最大体长60 cm，最大体重4 kg，1～2龄体长10～15 cm，2～3龄体长20～30 cm。雌、雄大泷六线鱼低龄期（4龄以内）的生长并未发现明显差异，但雄鱼生长到一定长度后，其生长速度就会减慢，而雌鱼为提高其繁殖力，继续保持较高的生长速率。高龄的雌鱼体长明显大于雄鱼，雌雄的差异也会随年龄越来越大。这种雌、雄繁殖群体间的个体差异是鱼类重要的繁殖生物学特征之一。大泷六线鱼属r–生活史类型，个体较小，生长较快，寿命较短，世代更替快，性成熟早，怀卵量少，繁殖力低，资源量小，无大的自然群体。大泷六线鱼在2龄前为幼鱼生长阶段，此阶段生长旺盛，生长指标最大；2～3龄进入成鱼生长阶段，此时摄入的食物部分用于性腺发育和脂肪积累，生长减缓，尤以3～4龄减缓明显；4龄后生长继续平缓下降，进入衰老阶段。大泷六线鱼的生长拐点为3.6龄，意味着生长趋于缓慢，标志着衰老的开始[3]。

经实测统计，得出大泷六线鱼的体重与体长呈幂函数关系（图1–6），关系式为：

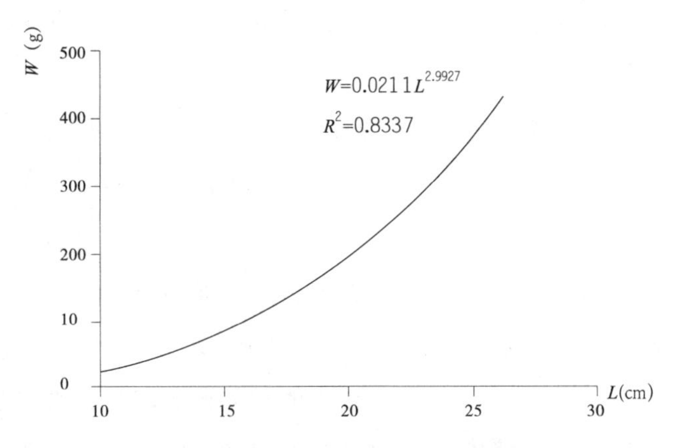

图1–6　大泷六线鱼体重与体长关系曲线

$$W=0.0211L^{2.9927},\quad R^2=0.8337$$

式中，W 为体重（g），L 为体长（cm）。

体长 – 体重关系式中的幂指数 b 等于 3 时，可以认为该鱼类为等速生长的鱼类，即个体长、宽、高 3 个方向生长速度相等。由上面得出的关系式可以看出，大泷六线鱼的 b 值接近于 3，因此可将大泷六线鱼视为等速生长鱼类。

第四节 繁殖习性

一、繁殖特性

大泷六线鱼为一次性、秋冬季产卵型鱼类。自然繁殖季节一般在 10 月中下旬至 11 月下旬，水温降至 18℃时开始产卵，产黏性卵，成熟鱼卵卵径一般为 1.62 ~ 2.32 mm。不同海域随纬度差异而稍有迟缓，纬度越高，时间越早，同一地点一般较大个体的产卵期比小个体的早。性成熟较早，一般在 2 ~3 龄，其中雄鱼早于雌鱼，雄鱼 2 龄大多数已性成熟，而雌鱼多数在 3 龄性成熟。性成熟的最小雄鱼体长为 10 cm 左右；初次性成熟的雌鱼，体长在 15 cm 左右。

鱼类的繁殖力可以用个体绝对繁殖力和相对繁殖力来表示。个体绝对繁殖力是指一尾雌鱼在一个繁殖季节里可能排出的卵子数量；相对繁殖力是绝对繁殖力与体长或体重的比值，即单位长度或重量所含有的可能排出的卵子数量。繁殖力的大小关系到鱼类种群的补充数量，往往产卵后不进行护卵、受敌害和环境影响较大的鱼，一般繁殖力较高，卵径也较小；相反，那些产卵后进行护卵、后代死亡率较小的鱼繁殖力较低，卵径也较大。这是由于鱼类长期适应环境的变动而形成的繁殖策略，同种鱼类在不同环境条件下也可能会出现差异。大泷六线鱼绝对怀卵量在 3400～13700 粒之间，相对怀卵量在 20～36 粒和 21～37 粒，平均每毫米体长为 25 粒左右，每克体重为 27 粒左右。

大泷六线鱼多于近海沿岸岩礁区的江蓠、蜈蚣藻、松藻等藻类上产卵，也产于礁石、砾石、贝壳上。鱼卵刚产出时不显黏性，10 min 后，卵与卵之间互相黏着成不规则块状或球形。鱼卵颜色有较大差异，卵块呈灰白、黄橙、棕红、灰绿、墨绿等颜色（图 1–7），一般来说低龄鱼所产鱼卵颜色较深，高龄鱼卵块颜色稍浅。孵化时间较长，一般 20～25 d。

图 1–7 人工授精卵片

二、婚姻色

在繁殖季节出现的特定的体色变化（雌雄差异明显），用以繁殖过程，包括求偶、交配和护巢行为等的体色变化被称为婚姻色。一般来说，婚姻色属于季节性体色变化，会持续整个繁殖季节。大泷六线鱼在整个生活史周期，体色变化多样，种间和同种雌雄个体间的差异明显，体色呈现二态性，即日常体色和婚姻色。大泷六线鱼体色因栖息环境变异很大，或呈黄色，或呈褐色，或呈紫褐色，雌雄不易区别。类似于其他硬骨鱼类，大泷六线鱼在繁殖季节也会出现婚姻色，雄性的表现更为明显，这与护巢行为密切相关，成熟的雄性大泷六线鱼在生殖季节腹鳍和臀鳍会变成鲜亮的黄色。

三、护巢行为

在硬骨鱼类中，约有21%的鱼类具有护巢行为，护巢行为在进化上最大的意义就是大大提高仔鱼的成活率，大部分护巢行为由雄鱼来承担。栖息地和护巢行为密切相关，近岸种类和淡水鱼类一般都产黏性卵，这样可以避免漂浮卵子被摄食。大泷六线鱼属于浅海近岸种类，生活水域较小，容易遭遇敌害生物等不利因素，除了产黏性卵外，其具有的护巢行为更是将这不利因素进一步缩小。在繁殖季节，雄性六线鱼相互竞争，在岩礁区域建立自己的繁殖领地，雌性六线鱼到雄性六线鱼的领地产卵。雌鱼产卵后，完成交配，雄性则开始进行护巢直到仔鱼孵化。

通过对大泷六线鱼潮间带受精卵块的观察，发现卵块有的颜色相同，发育速度一致；有的卵块颜色并不相同，不同色的鱼卵发育速度也不一致。我们认为颜色相同的卵块是同一条雌鱼产出的，并且在受精过程中，通常也是由一条雄鱼完成排精、受精的。颜色有差异、发育不同步的卵块，则是由不同的雌鱼和雄鱼产出的精卵而完成受精的。分析这一现象的原因，尽管在自然界雄性亲鱼具有护巢行为，但在潮间带产卵护巢的亲鱼，在退潮、涨潮的外力影响下，受精卵块渐渐露出水面，雄鱼无法继续护巢而随波逐流。待再次涨潮时，鱼卵没入海水中时，护卵的雄鱼无法识别原护卵块，失去原护卵场所。自然环境中，亲鱼对产卵基的选择是相似的，又有新的亲鱼对原已有卵块的产卵基进行选择，从而出现新的产卵受精行为发生。不难理解，当有不同颜色的卵块附集在同一株海藻上时，是由不同的雌鱼选择同一产卵基上产卵继而受精的结果。

第二章
Chapter Two

大泷六线鱼繁殖生物学

繁殖是鱼类生命过程中的一个重要环节，并与其他环节相互联系，是维持种族绵延不可缺少的生命活动。地球上现有已知鱼类品种超过3万种，作为水生动物皆在江河、湖泊、港湾和海洋等水体中以有性生殖方式繁衍后代。由于栖息环境不同，每种鱼类经过世代遗传形成了自己独特的繁殖特点，具有基本固定的性腺发育规律和生殖方式，这是鱼类对环境长期适应的结果。研究鱼类的繁殖生物学，掌握鱼类的性腺发育规律和繁殖习性，对于研究鱼类的人工繁殖、选种与育种、移植驯化、增殖放流及鱼类资源的合理开发利用等具有十分重要的指导意义。

性腺是鱼类机体的重要组成部分，是繁殖活动的中心，也是重要的内分泌器官，鱼类的一系列生理现象都围绕此中心进行。鱼类的生殖方式有多种，但其性腺的组织形态、发育分期和机能分化都有着共同的特征和规律。

第一节 精巢发育特征

一、精巢结构

大泷六线鱼具有 1 对精巢，其体积较小，位于腹腔背部两侧，各有 1 层薄的结缔组织膜包被，并以系膜与体壁相连。左、右侧精巢各有 1 条输精管，在精巢末端汇合，在尾端合并成 1 条很短的输精管。输精管通到泄殖窦，通过泄殖孔与外界相通。非繁殖期的精巢为线条状或扁带形，淡黄色，繁殖期精巢肥大，呈椭圆球块状，白色或乳白色（图 2-1、图 2-2）。

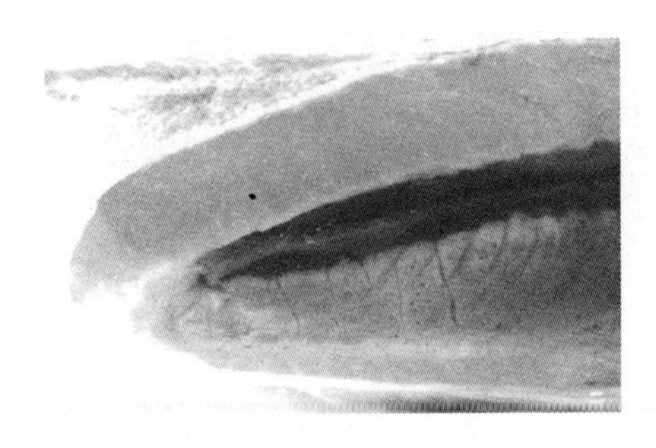
图 2-1 非繁殖季节精巢

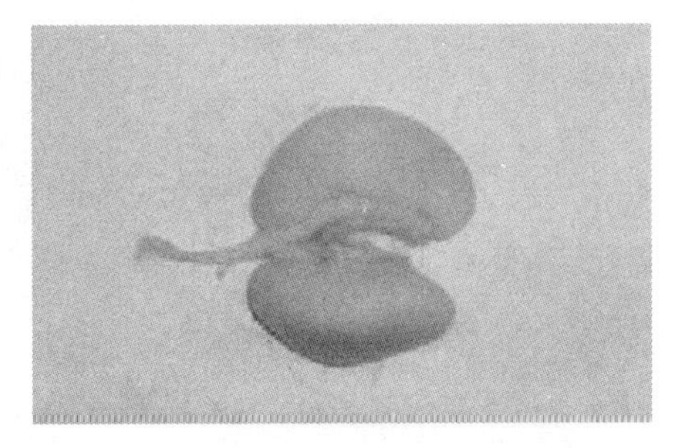
图 2-2 繁殖季节精巢

大泷六线鱼精巢为典型的小叶型结构。生殖上皮随着结缔组织向精巢内部延伸，形成许多隔膜，把精巢分成许多不规则的精小叶，从其横切面上可见许多精小叶紧密排列，但没有一定的规律性。在精小叶之间存在着疏松的结缔组织、微血管和间质细胞。精小叶为精巢的实质部分，因其呈管状又可称为精小管。精小叶由许多精小囊组成，精小囊壁上有大量的支持细胞。随着精巢的发育，精小叶内各精小囊间生精细胞发育不同步，而在同一精小囊内生精细胞发育是同步的。精小叶中央为小叶腔，小叶腔在精巢内相互连接成网状，最后连通输精管。精原细胞位于精小叶的边缘处。在分化过程中，生殖细胞在精小囊内发育成为成熟的精子，精小囊破裂后成熟的精子释放到小叶腔中，各小叶腔内的精子最后汇集到输精管内并可借助输精管排出体外，因此成熟的精子只在小叶腔和输精管内存在。生殖细胞在发生上由外向内可分为精原细胞、初级精母细胞、次级精母细胞、精子细胞和精子。

二、精巢发育的目测等级分期

确定鱼类性腺发育的时期划分及其量度主要有两种方法：目测等级法和组织学划分法。目测等级法是最为常用和实用的方法，根据鱼类性腺的外形、颜色、血管分布、精液和卵粒的情况等特征进行划分，一般采用将精巢和卵巢发育划分为Ⅰ~Ⅵ期的传统方法。

解剖分离大泷六线鱼精巢，依据精巢的颜色、体积以及输精管中是否充满精液，通过肉眼可以区分其发育水平（图 2-3）。

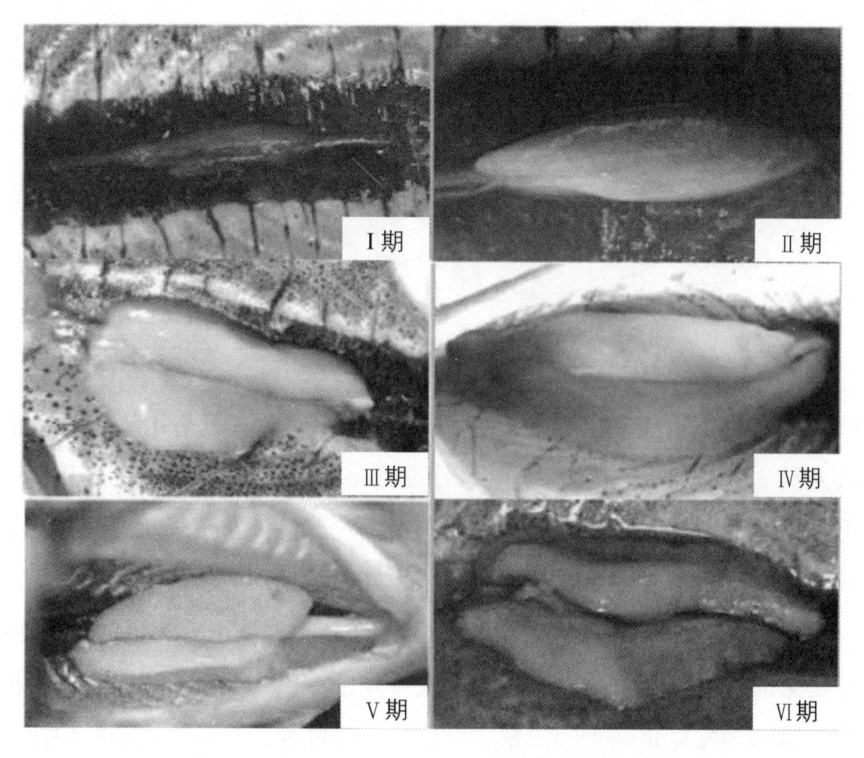

图 2-3 大泷六线鱼精巢Ⅰ~Ⅵ期的目测等级分期

Ⅰ期：精巢尚未发育期。性腺细小，半透明，呈无色或淡黄色，紧紧附在体壁内侧上，肉眼还不能分辨雌雄。

Ⅱ期：精巢开始发育期。尚不发达，细带状，呈白色。

Ⅲ期：精巢正在成熟期。扁带状，呈白色或红白色，血管还不明显。

Ⅳ期：精巢即将成熟期。体积明显增大、增厚，呈红白色或乳白色，有明显的血管，输精管细小，挤压鱼体腹部还没有精液溢出。

Ⅴ期：精巢完全成熟期。体积达到最大，明显变得饱满、肥厚，呈红白色或乳白色，表面的血管更加明显，输精管变得粗大，明显可见其内有乳白色精液，轻轻挤压鱼腹就有精液从泄殖孔涌出。

Ⅵ期：精巢退化吸收期。体积萎缩，呈淡红白色，血管明显充血。

三、精巢发育的组织学分期

组织学划分法是将新鲜性腺制备成组织学切片，在显微镜下观察，根据性腺细胞不同发育阶段的特点进行划分，比目测等级法更加准确。卵巢和精巢的发育是一个生长、成熟和衰退的连续过程，其间并没有绝对的界限，阶段性与连续性共存，而且划分的方法都是基于不同研究对象本身细胞发育的特点。因此各种鱼类具有不同的分期方法，并且各具一定的合理性，这也是鱼类物种多样性的体现。

大泷六线鱼精巢发育的组织学分期，主要依据组织学切片不同视野内，面积占最大比例的精小囊或小叶壁中生精细胞所处的发育阶段，以及在小叶腔内能否看到大量成熟精子，将精巢发育划分为Ⅰ～Ⅵ期（图 2-4）。

Ⅰ期：可见体积较大的精原细胞分散分布，胞径 3.01～6.88 μm，核径 1.53～1.78 μm。

Ⅱ期：精小叶还没出现空腔间隙，其间有结缔组织，精原细胞增多，在精小叶中成群排列。胞径 4.14～8.65 μm，核径 1.54～3.69 μm。

Ⅲ期：精原细胞经有丝分裂变为初级精母细胞，除少数精原细胞外，均是同型的初级精母细胞，在精小叶内成群排列成层，中间出现了小叶腔。精原细胞球形，紧贴小叶壁，体积最大，胞径 2.67～6.17 μm，核径

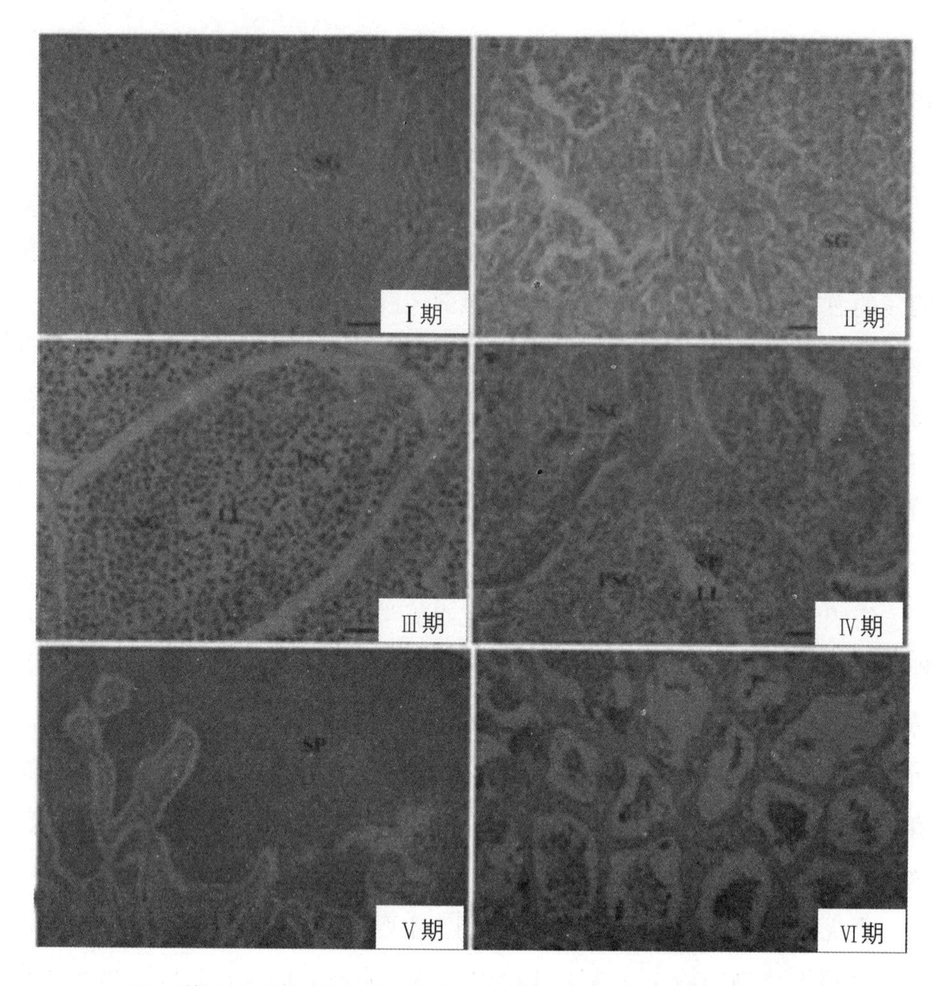

SG—精原细胞　PSC—初级精母细胞　SSC—次级精母细胞；
ST—精子细胞　SP—精子　LL—小叶腔

图 2-4　大泷六线鱼精巢 I ~ VI期的组织学分期（比例尺为 50 μ m）

2.71 ~ 4.28 μm。初级精母细胞的体积稍小，胞径 2.37 ~ 6.06 μm，核居中或偏于一侧，呈球形或者椭球形，核径 1.67 ~ 3.02 μ m。精小囊壁上存在大量支持细胞，只能看到其细胞核，呈不规则的椭球形，紧贴初级精母细胞。

Ⅳ期：精小叶内出现初级精母细胞、次级精母细胞和精子细胞，染色程度依次加深。不同发育阶段的各类生精细胞组成的精小囊发育不同步，同一个精小囊内生精细胞发育同步。初级精母细胞经过第一次成熟分裂后形成两个等大的次级精母细胞，呈球形，胞体小，胞径 2.82 ~ 5.38 μm，核径 1.87 ~ 2.74 μm。次级精母细胞经过第二次成熟分裂形成精子细胞，体积更小，核大，核径 1.38 ~ 1.85 μm。尚未变态为成熟精子的精子细胞仍聚集在一大的精小囊内，靠近小叶腔，小叶腔中未出现或者仅存在极少数精子。

Ⅴ期：精小叶的空腔扩大，内部充满成熟的精子。精小叶的内壁由精子细胞和正在变态的精子组成，精子细胞经过变态成为成熟的精子，此时精小囊破裂，成熟的精子进入小叶腔。成群的精子在小叶腔中呈旋涡状，尾部隐约可见，头部染色最深，体积最小，直径 1.51 ~1.63 μm。雄鱼可在此期多次排精。

Ⅵ期：多数小叶腔中的精子已经排空，有的腔内还存有稀少的衰老精子或未排出退化待吸收的精子，还剩余少数精原细胞和精母细胞。

四、精巢性腺指数（GSI）的周年变化

性腺指数（GSI）是生殖腺重量相对体重的比例，是性成熟度的指标之一，可以用来确定鱼类的繁殖期。其公式如下：

$$GSI=（生殖腺重量 / 体重）\times 100$$

大泷六线鱼在一年中其精巢发育指数（GSI）呈周期性变化。六线鱼的 GSI 在当年 11 月至次年 1 月份出现最高峰值，平均为 0.948 5；之后开始显著下降（$P<0.05$），次年的 2 ~ 4 月份降到均值 0.075 1；5 ~ 7 月份继续下降到达最低点 0.026 8，8 ~10 月份 GSI 显著性升高（$P<0.05$），达到均值 0.453 3（图 2–5）。

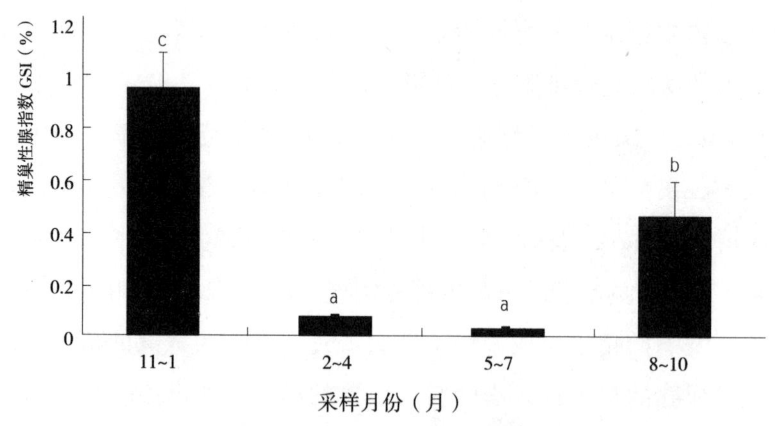

图 2-5　大泷六线鱼精巢性腺指数（GSI）季节变化

大泷六线鱼的精巢周年发育变化中 4 月份直到 7 月份为生精活动的静止期，此时精巢处于重复发育Ⅲ期。从 8 月份起开始生精活动的启动期，10 月份大部分六线鱼进入生精活动旺盛期，这一阶段精巢为Ⅳ期，小叶壁上有大量的各级生精细胞组成的精小囊，小叶腔中未出现或者仅存在极少数精子。11 月份精巢已经处于发育Ⅴ期，自此生精活动一直持续到第二年的 1 月份，小叶腔逐渐增大，小叶壁上的精小囊的数量逐渐减少，直到精子完全释放，越来越多的成熟精子充满整个小叶腔。到 2 月份精巢处于退化吸收Ⅵ期，多数小叶腔中的精子已经排空，有的小叶腔中尚存在稀少的衰老精子或者没有排出退化待吸收的精子[4]。

第二节　卵巢发育特征

大多数硬骨鱼类具有 1 对卵巢，位于鳔的腹面两侧，卵巢表面是一层腹膜，腹膜下面是一层由结缔组织构成的白膜，它从卵巢壁向卵巢腔伸进许多由结缔组织、生殖上皮及微血管组成的板状构造，称为产卵板。从胚胎学观点，卵巢属于中胚层增殖而来，然后转移到生殖上皮。此后，卵细胞的发育经历了增殖期、生长期和成熟期三个阶段，卵细胞由卵原细胞发育为初级卵母细胞，继而进入营养物质积累阶段（即卵黄颗粒形成积累阶段）；卵黄和脂肪的积储使卵母细胞的体积剧增，其边缘出现空泡，卵膜变厚，出现放射形纹，称为放射膜。由于放射膜的出现，放射膜在卵母细胞膜的动物极构成一漏斗状的膜孔通向卵质形成受精孔，在受精孔内嵌合一个特殊的细胞，为受精孔细胞，是由滤泡细胞分化而来的，有些硬骨鱼类不存在受精孔和精孔细胞。卵母细胞不断生长的同时，滤泡细胞也在增殖，其上皮细胞由一层分裂为两层，即鞘膜层（外层）和颗粒层（内层）。鞘膜层含有成纤维细胞，胶原纤维和毛细血管，一些鱼类的鞘膜层还含有特殊鞘膜细胞；颗粒层则由排列紧密的单层柱状上皮细胞组成。

一、卵巢结构

大泷六线鱼具 1 对卵巢，左右对称，成熟卵巢呈长囊状，位于体腔内。整个卵巢被一层透明的膜包被，膜上血管清晰可见，卵巢系膜发达，与腹膜壁层联系紧密，卵巢后段汇合成一短的输卵管通生殖孔（图 2–6、图 2–7）。

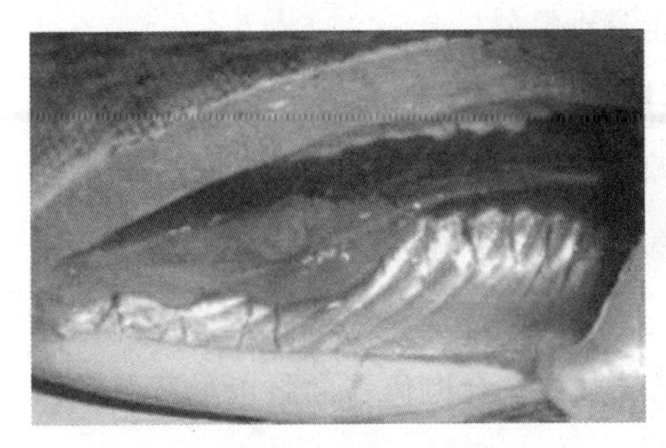

图 2–6 非繁殖季节卵巢

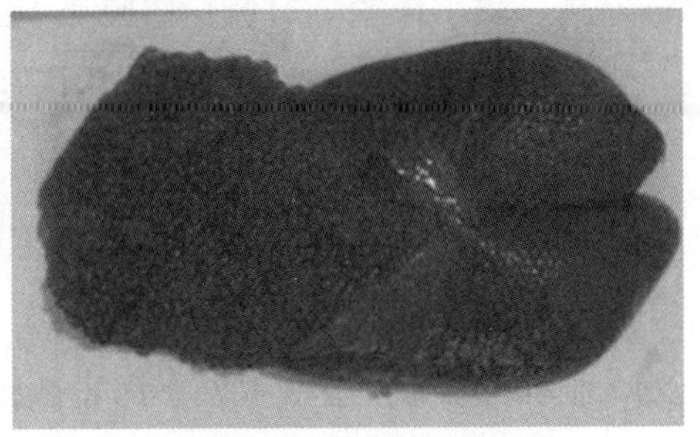

图 2–7 繁殖季节卵巢

二、卵巢发育的目测等级分期

根据卵巢的颜色和体积、卵粒大小和血管分布等特征，肉眼可以区分其发育水平（图 2–8）。

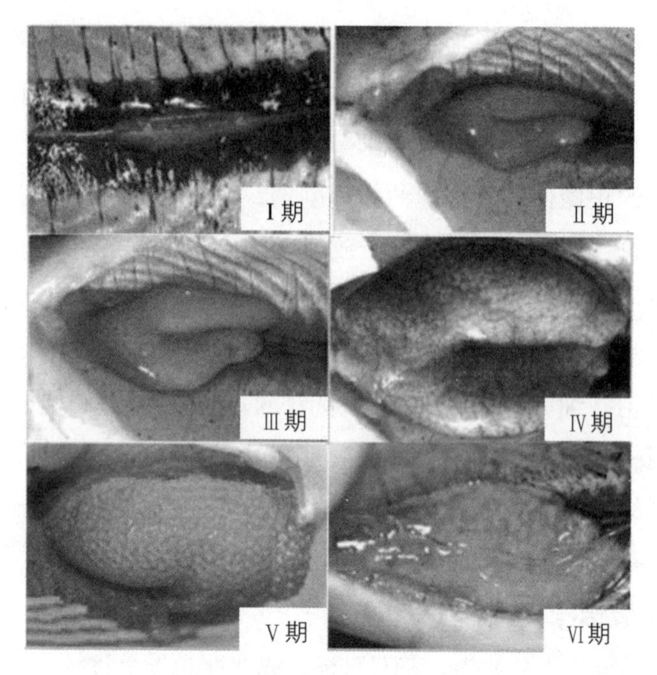

图 2-8 大泷六线鱼卵巢Ⅰ～Ⅵ期的目测等级分期

Ⅰ期：卵巢尚未发育期。性腺细小，半透明，呈无色或淡黄色，左右分离，附于体腔壁背侧，肉眼还不能辨别雌雄。

Ⅱ期：卵巢开始发育期或产后恢复期。开始发育期卵巢不发达，细带状，呈红黄色，前端左右分离、后端与输卵管聚合，卵巢壁厚，表面有细小血管分布，肉眼尚看不见卵粒。产后恢复期的卵巢颜色较深，血管发达，或可见残余的闭锁卵粒。

Ⅲ期：卵巢正在成熟期。卵巢体积增大，呈红橙色，肉眼可见黄色和白色小卵粒，尚不能从卵巢膜上分离剥落。血管较发达，分支较多。

Ⅳ期：卵巢即将成熟期。体积变大，约占腹腔的 1/2，结缔组织和血管十分发达。卵巢膜有弹性，其中可见灰色半透明的大卵粒和黄色的小卵粒，与黏性液体均匀混合在一起，可分离剥落。

Ⅴ期：卵巢完全成熟期。体积达到最大，卵巢壁变得松软、透明，血管极发达。大、小卵粒发生位移，卵巢明显分为前、后两层，未成熟的黄色小卵粒聚集在卵巢前部背侧，成熟的灰色大卵粒（黄色的油球十分明显）聚集在后部腹侧，等待通过输卵管从泄殖孔排出体外。此时，轻压腹部即有成熟卵粒流出。

Ⅵ期：卵巢退化吸收期。刚产完卵的卵巢呈淡黄色，体积大大萎缩，组织松弛，背面血管充血显著，可见残余的闭锁卵粒。

三、卵巢发育的组织学分期

大泷六线鱼卵巢发育的组织学分期，主要依据组织学切片观察，按照不同视野内，面积占最大比例的卵母细胞所处的发育阶段，以及能否看到空囊泡或闭锁卵母细胞，将卵巢发育划分为Ⅰ～Ⅵ时期[5]（图 2-9）。

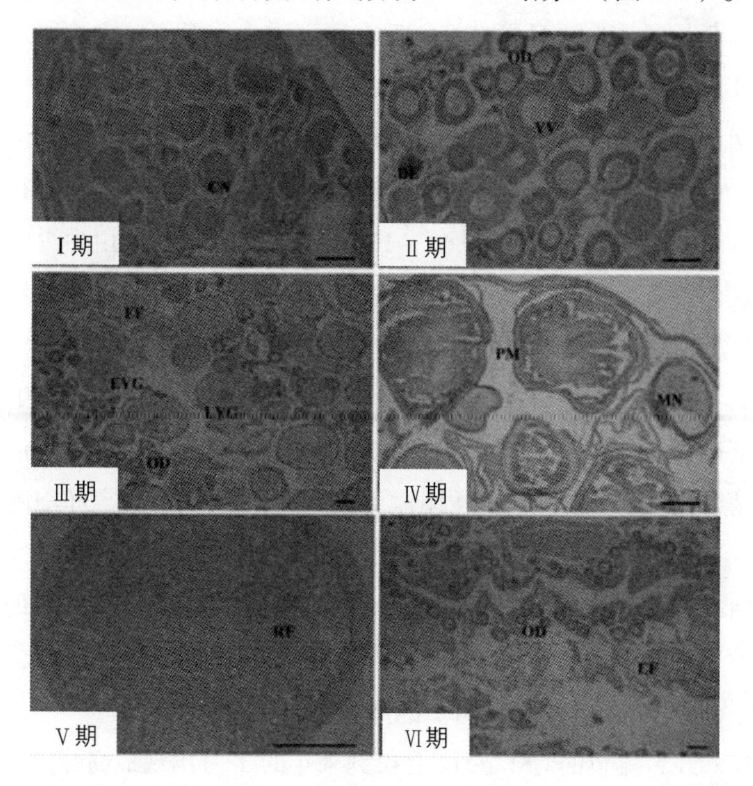

CN—染色质核仁时相　YV—滤泡时相　OD—油球时相　EYG—卵黄球前期时相
LYG—卵黄球后期时相　MN—核移时相　PM—接近成熟时相　RE—成熟卵粒
EF—空囊泡　DE—退化的闭锁卵母细胞

图 2-9　大泷六线鱼卵巢Ⅰ～Ⅵ期的组织学划分（比例尺为 50 μm）

Ⅰ期：处于卵原细胞阶段，或正向初级卵母细胞过渡。卵原细胞的细胞质很少，胞径 25.22～69.76 μm，有明显的细胞核，核径 15.14～32.68 μm。卵巢内结缔组织及血管均十分细弱。

Ⅱ期：处于小生长期的初级卵母细胞。近卵膜处出现数层滤泡细胞，向核中央扩展。卵径 34.69～153.65 μm，核大，呈圆形，核径 28.79～75.32 μm。卵膜加厚，开始出现放射纹。核周围出现许多小油滴，并逐渐形成油球层。产后恢复期的卵巢中可见空囊泡和正在退化的闭锁卵母细胞。

Ⅲ期：初级卵母细胞开始进入大生长期，呈圆球形，排列较疏松，卵径 97.17～249.17 μm，核圆，核径 62.13～97.23 μm。卵膜边缘出现卵黄颗粒沉积，开始时层次少且颗粒细，后来逐渐增大，形成较大的卵黄层。另可见Ⅱ时相的卵母细胞。

Ⅳ期：初级卵母细胞体积继续增大，产卵板的界限不明显，卵径 331.54～572.77 μm。细胞质中卵黄颗粒体积不断增大，逐渐充满整个细胞，其间夹杂着较多油球。核径 80.64～104.19 μm，核偏位，由中央向动物极移动，在此期肉眼可见蓝紫色半透明卵粒。卵膜逐渐增厚，放射膜明显。另可见Ⅱ、Ⅲ时相的卵母细胞。

Ⅴ期：核仁已消失，油球夹杂在卵黄颗粒之间，卵黄颗粒发生水合作用，逐渐融合成大的均质状卵黄板。放射膜增加到最厚，放射纹消失。滤泡膜很薄，松散分布在卵细胞周围，局部或大部断裂，脱离卵细胞。卵径 838.36～1403.78 μm。发育同步性高，但仍有Ⅳ时相卵母细胞和空囊泡。

Ⅵ期：有许多皱缩的空囊泡、粗大的结缔组织和血管，未产出的卵母细胞逐渐被退化吸收，之后在当前繁殖季节停止排卵。

四、卵巢性腺指数（GSI）的周年变化

大泷六线鱼雌鱼的 GSI 在 11 月份到来年的 1 月出现最高峰值，平均为 12.478 5；之后开始显著下降（$P<0.05$），第二年的 2～4 月降到均值 0.471 6； 5～7 月继续下降到达最低点 0.301 1，8～10 月 GSI 显著性升高（$P<0.05$），达均值 6.629 8[6]（图 2-10）。

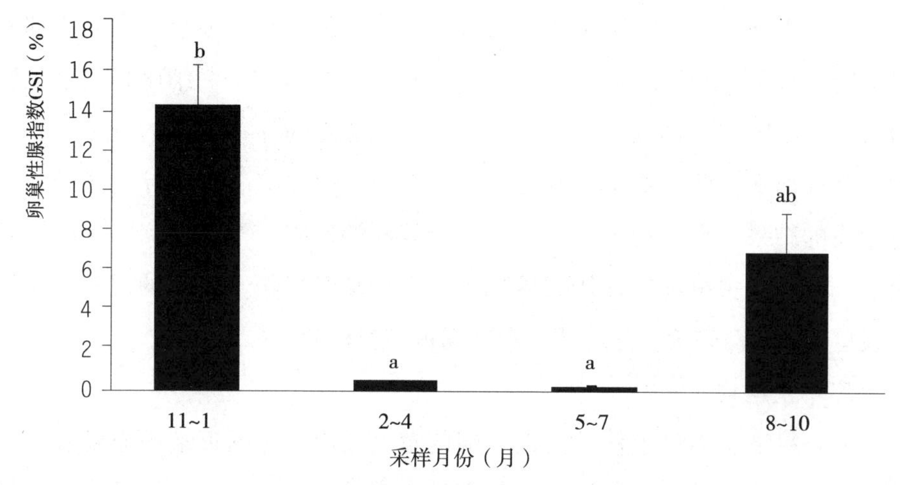

图 2-10　大泷六线鱼卵巢性腺指数（GSI）季节变化

第三节　精子和卵子形态特征

一、精子形态特征

动物精子形态结构的研究是生殖细胞的结构与机能研究的重要组成部分，是发育生物学的重要研究内容。精子的结构及生理、生化作用往往会影响其受精生物学过程。硬骨鱼类种类繁多，国内外已对300多种鱼类进行了精子超微结构的研究，我们通过扫描电镜和透射电镜对大泷六线鱼精子的超微结构进行观察研究，丰富了大泷六线鱼的繁殖生物学基础理论资料。

大泷六线鱼的精子主要由头部、中段和尾部三部分组成。头部的主要结构为细胞核；中段与头部紧紧相连，主要由中心粒复合体、袖套和线粒体等构成；尾部的主要结构为鞭毛，由轴丝构成。

1. 头部结构

大泷六线鱼精子的头部呈钝顶锥形，直径为1.28~1.49 μm（图2-11-1、图2-11-2），主要被细胞核占据，顶部稍窄，前端无顶体。细胞质很少，细胞质膜表面不平整。精子头部质膜与核膜之间的空隙很小，在质膜和核膜之间分布着一些囊泡结构，位置不固定（图 2-11-3）。细胞核内染色质密集，并呈颗粒状，分布均匀。核膜与染色质之间存在一定的空隙，多靠近头部最前端。此空隙不是真空隙，是由于染色质浓缩聚集导致核基质染色较浅的结果。在细胞核的后端有一个较深的凹陷，为植入窝（也称核隐窝），可起到关节窝的作用，以减少鞭毛运动时对精子头部的震动。大泷六线鱼的植入窝较为发达，凹入深度约占核长径的 5/6。

2. 中段结构

中心粒复合体位于精子头部后端的植入窝内，包括近端中心粒和基体（也称远端中心粒）。近端中心粒在植入窝的内端，位于细胞核中；基体在植入窝的外端，位于细胞核的底部。近端中心粒和基体都由 9 组三联微管构成，在中心粒和基体内部之间的空隙处都有体积很小的囊泡存在。基体的头端较粗，呈一环状结构，由电子致密物质构成。末端略细并与轴丝相连，在精子的横切面图上，可见清晰的微管结构，呈现 9 个电子致密斑（图 2-11-4）。核膜与质膜的空隙中除含有细胞质外，还含有袖套和线粒体等结构。袖套位于头部的后端，基体下方，较发达，与细胞核后端相连，呈筒状中央的空腔为袖套腔，袖套中还有少量的囊泡和空腔（图 2-11-5）。线粒体位于细胞核后端质膜和核膜之间，1 ~ 2 个，呈球形，体积较大（图 2-11-6）。

大泷六线鱼的中心粒复合体中近端中心粒与基体首尾相对，排列在同一条直线上，主轴与精子长轴平行。一般硬骨鱼类中，近端中心粒和基体的排列往往呈 T 形或 L 形，即近端中心粒长轴与精子长轴垂直、基体长轴与精子长轴平行。褐牙鲆、大菱鲆的近端中心粒与基体的排列是相互垂直的，由此看出硬骨鱼类中心粒复合体的组成及组成方式在种间具有明显的差异。

袖套是大多数硬骨鱼类精子都存在的结构，是精子内部能量物质等的“储藏仓库”，主要为精子的运动等提供能量。袖套内、外膜皆为细胞质膜，属于生物膜，由双层脂质和蛋白质构成。大泷六线鱼的袖套基本对称，袖套中含有线粒体、囊泡和细胞质基质等，袖套内分布 1 ~ 2 个较大的线粒体。

3. 尾部结构

大泷六线鱼精子属于有鞭毛型精子，通过鞭毛摆动驱动精子运动。精子的尾部长度为 10.2 ~ 16.1 μm，为一条细长的鞭毛。鞭毛的起始端位于袖套腔中，并从袖套中伸出，由基体向外延伸而成（图 2–11–3）。鞭毛的核心结构是轴丝，轴丝的起始端无中央微管，由外周 9 组二联微管及中央 1 对微管组成。轴丝具有典型的“9+2”结构（图 2–11–4、图 2–11–7），其前端与基体尾端相连接，轴丝的外部有细胞质膜。在鞭毛轴丝的外侧，可观察到由细胞质向两侧扩展而成的侧鳍（图 2–11–8），侧鳍呈波纹状且不连续，因此鞭毛表面的细胞质膜起伏不平。除了侧鳍，在大泷六线鱼鞭毛的轴丝外侧偶尔还能看见一些少量的囊泡，囊泡内无明显可见的电子致密物质，推测这一囊泡结构可能是一种储能结构，为精子变态和变态后的精子提供营养物质和能量。

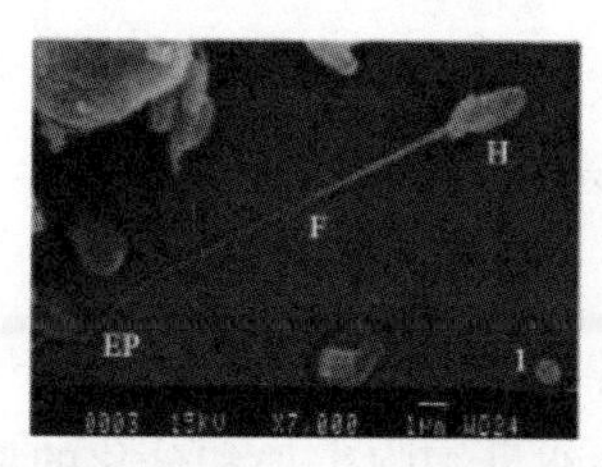

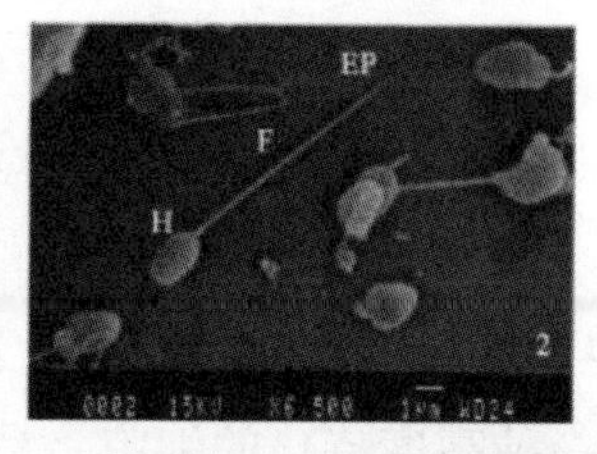

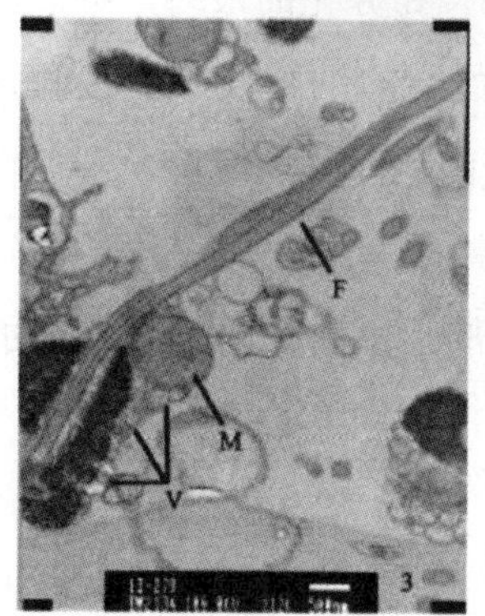

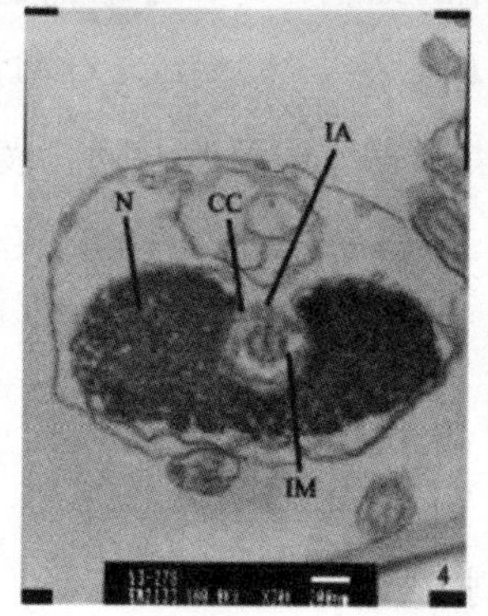

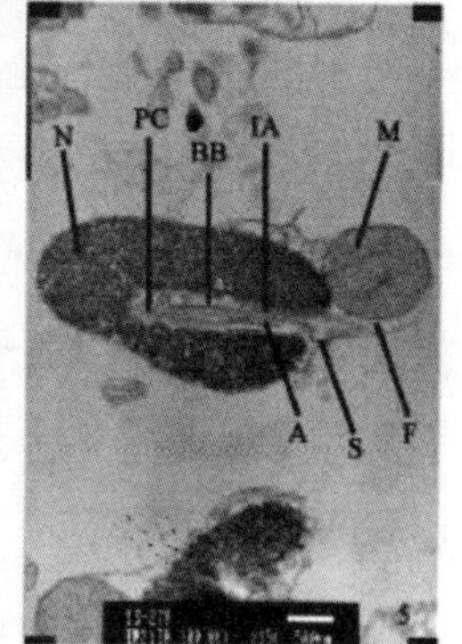

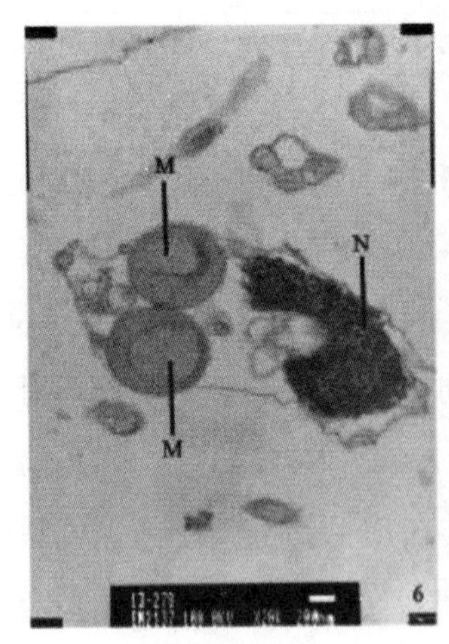

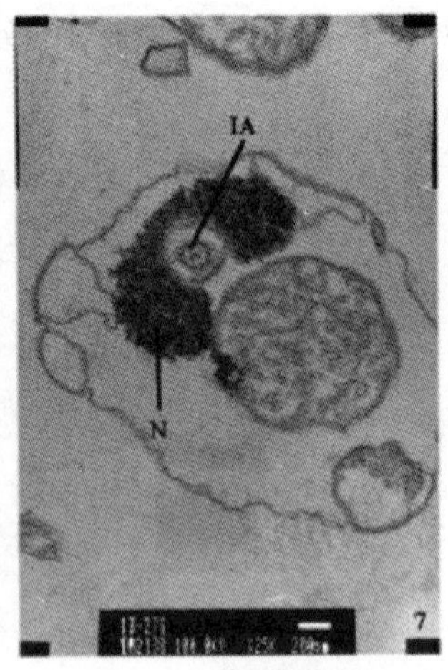

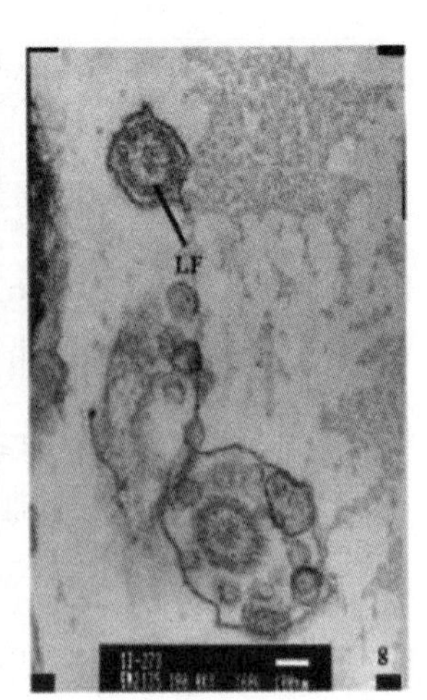

1、2—精子整体　3—精子纵切　4—精子头部横切面　5—精子头部纵切面
6—经线粒体的精子纵切面　7—经线粒体的精子横切面
8—带有侧鳍的精子鞭毛横切面
A—轴丝　BB—基体　CC—中心粒复合体　EP—鞭毛末端　H—精子头部
LF—侧鳍　IA—轴丝的起始端　IM—袖套内膜　F—鞭毛　M—线粒体
N—细胞核　PC—近端中心粒　S—袖套腔　V—囊泡

图 2-11　大泷六线鱼精子超微结构

二、卵子形态特征

卵子是一种高度特化的细胞，是卵母细胞生长和分化的最终产物。硬骨鱼类卵子的基本结构是相似的，主要由含有卵黄质的细胞质、卵核和核膜构成。对大多数硬骨鱼类而言，卵子的直径、表面色泽、透明度、沉浮性、油球的形态和分布状况，可在一定程度上反映其质量的优劣。卵子直径可作为决定卵子活性的一个重要指标，但是较大卵径并不一定代表较高的受精率和孵化率。

1. 卵子形态

大泷六线鱼鱼卵为球形端黄卵，卵膜较厚，具有黏性，油球小而多且较分散，透明度差，卵径 1.62～2.32 mm。

2. 卵子超微结构

大泷六线鱼成熟卵壳膜上布满比较浅的网纹，网纹纵横交错，走向不确定。相对平滑的壳膜上，较整齐地分布着众多直径 0.56 ~ 0.87 μm 的微小孔（图 2–12–2）。扫描电镜下可以看到壳膜的表面有一个很小、很浅的凹陷区域，这就是受精孔区（图 2–12–1）。受精孔区包括受精孔和前庭（图 2–12–3）。受精孔位于凹陷区域的中央位置，受精孔处又稍微往外隆起，呈小丘状，使得受精孔看起来像“火山口”（图 2–12–3）。受精孔完全敞开，外口直径约 8.3 μm，内口直径约 3 μm。受精孔的前庭呈现不明显的沟脊，前庭内微小孔不像壳膜其他部位微小孔那样排列均匀，此处微小孔大小不等、形态各异（图 2–12–4）。

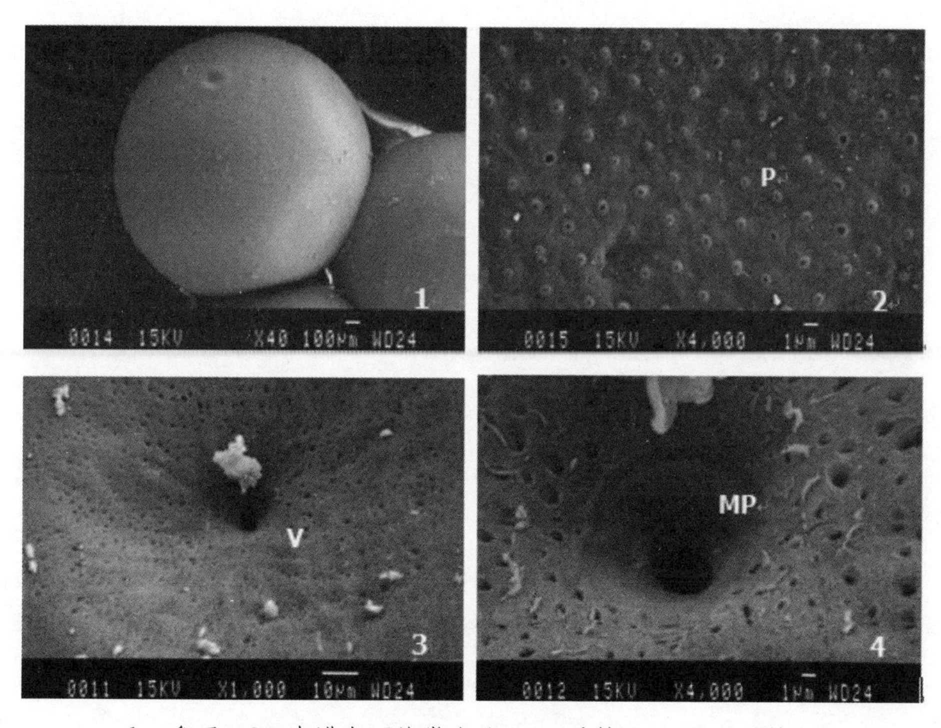

1—卵子 2—壳膜表面的微小孔 3—受精孔区 4—受精孔
MP—受精孔 P—微小孔 V—前庭

图 2–12 大泷六线鱼卵子超微结构

第三章

Chapter Three

大泷六线鱼发育生物学

鱼类的发育过程贯穿于整个生命周期，其形态的变化在发育进程中可划分出几个在本质上迥异的时期。硬骨鱼类的个体发育，总的是以连续的渐进方式进行的，但从一个发育阶段转向另一个发育阶段，往往是在短暂的时间内以突进的方式完成的，鱼类早期发育阶段尤为如此。鱼类早期发育阶段的生长规律及其关键变态期的特性，不仅是解释鱼类早期生活史发生机理途径的重要基础，也是提高生产实践中鱼类苗种培育技术的重要理论依据。根据鱼类生命周期各发育阶段的特征划分，可将鱼类早期发育分为胚胎期、仔鱼期、稚鱼期 3 个发育阶段。

第一节 胚胎发育特征

鱼类的胚胎发育是由一个单细胞的受精卵，经历多细胞、胚层分化、器官发生而至仔鱼孵出卵膜的个体早期发育过程。研究鱼类胚胎发育具有十分重要的意义，可以探究鱼类早期发育的特点，掌握其阶段发育规律和要点，满足生理、生态要求，是指导生产性育苗取得成功的关键所在。虽然不同硬骨鱼类间存在发育季节、周期、温度、盐度等环境理化因子的差异，但是它们的基本发育程序是一致的，都需要经过卵裂期、囊胚期、原肠期、胚体形成、胚层分化及器官形成等一系列发育过程，最终达到具有运动能力生命个体的诞生。

大泷六线鱼受精卵为球形黏性卵，透明度差，端黄卵，多油球。我们在水温 16.0℃、盐度 31、pH8.0、光照 600～1000 Lx 的孵化条件下，对大泷六线鱼的胚胎发育作了观察研究，受精卵历经发育 20 日后，仔鱼开始陆续破膜而出。

我们采用人工方式将鱼卵分离成单粒状态后再进行人工授精以便胚胎发育的观察。大泷六线鱼受精卵卵膜较厚，透明度极差，油球小而轻、多且较分散，覆盖在受精卵的上表层，翻转受精卵油球会随卵的转动并迅速重新覆盖到卵的上表层，给胚胎观察造成较大困难。胚胎发育后期受精卵的透明度明显增加，一方面大多数鱼类的胚胎具有起源于外胚层的单细胞孵化腺所分泌的孵化酶，孵化酶可以使卵膜变薄，有利于仔鱼的顺利孵出。另一方面胚胎发育后期油球逐渐融合为 1～5 个，这也是受精卵透明度逐渐增加的原因之一。大泷六线鱼胚胎发育时序（表 3-1）及各期胚胎发育特征（图 3-1）如下。

表 3–1 大泷六线鱼胚胎发育时序（16.0℃）

发育持续时间	发育阶段	主要特征
0 h 00 min	受精卵	球形沉性卵，端黄卵，透明度差，卵径 1.62 ~ 2.32 mm
4 h 00 min	胚盘期	形成胚盘，油球轻
5 h 00 min	2 细胞期	第 1 次分裂
7 h 30 min	4 细胞期	第 2 次分裂，与第 1 次分裂垂直发生
8 h 30 min	8 细胞期	第 3 次分裂，与第 1 次分裂平行发生
9 h 30 min	16 细胞期	第 4 次分裂，与第 1 次分裂垂直发生
12 h 00 min	32 细胞期	第 5 次分裂
14 h 00 min	64 细胞期	第 6 次分裂，横裂，形成排列不均的 2 层细胞
1 d 4 h	高囊胚期	细胞堆积呈半球形，突出于卵黄上，高度约为卵黄径的 1/5
1 d 11 h	低囊胚期	囊胚层边缘逐渐变薄，高度逐渐降低
2 d 2 h	原肠期	原肠腔形成，胚盾明显
3 d	神经胚期	胚盾中间加厚，形成胚体雏形
5 d	器官发生期	胚体首尾分明，体节清晰可见，出现眼泡、心脏原基，体表出现色素沉淀
8 d	肌肉效应期	胚体绕卵 3/5，晶体形成，听囊明显。肠道形成，肛门清晰可见。心脏搏动有力，48 ~ 56 次 / 分钟，血液无色，胚体出现间断性收缩，色素点进一步增多，颜色变深
18 d	孵出前期	胚体绕卵 1 周半，发育成仔鱼雏形，血管清晰，血液呈浅红色，卵黄囊进一步缩小为椭圆形，油球 1 ~ 5 个，胚体呈浅绿色，胚体全身分布星芒状色素细胞，颜色较深
20 d	孵出期	胚体扭动幅度和频率进一步加大，卵黄囊继续缩小，随着胚体的扭动，胚体按照先尾部后头部的顺序破膜而出

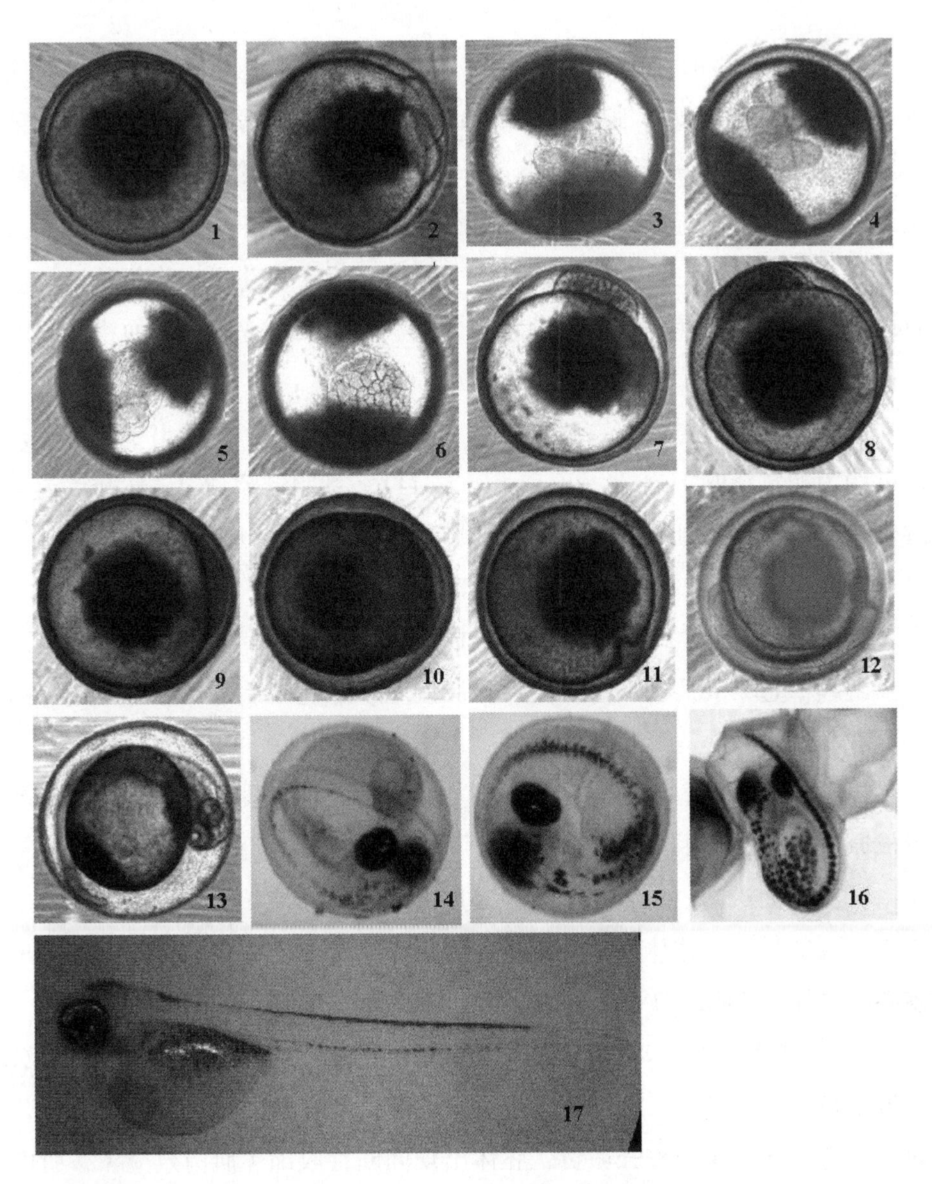

1—胚盘形成　2—两细胞期侧面观　3—四细胞期正面观　4—八细胞期正面观
5—十六细胞期正面观　6—三十二细胞期正面观　7—六十四细胞期侧面观
8—高囊胚　9—低囊胚　10—原肠期　11—神经胚期　12—尾芽期
13—肌肉效应期　14—孵出前期（绕卵1周）　15—孵出前期（绕卵1周半）
16—孵化期　17—初孵仔鱼

图3-1　大泷六线鱼胚胎发育

卵裂期 卵裂的方式为盘状卵裂。受精后 4 h 形成胚盘；5 h 首次分裂成两个等大的分裂球即 2 细胞期；7 h30 min 发生第二次分裂到 4 细胞期，第二次分裂与第一次分裂垂直交叉；8 h30 min 第三次分裂到 8 细胞期，分裂沟与第一次分裂平行；9 h30 min 第四次分裂到 16 细胞期，分裂沟与第二次分裂平行；12 h 发生第五次分裂到 32 细胞期；14 h 发生第一次横裂，形成排列不均的两层细胞；随后逐渐分裂并在动物极处形成多层表面粗糙的细胞群，进入桑葚期（图 3–1 ，图 3–7）。

囊胚期 受精后 1 d4 h，细胞持续分裂堆积呈半球形，突出于卵黄上，高度约为卵黄径的 1/5，形成高囊胚；1 d11 h，细胞继续分裂，囊胚层边缘逐渐变薄，高度逐渐降低，进入低囊胚期，为原肠下包做好准备，并开始形成原肠腔（图 3–1–8 ，图 3–1–9）。

原肠期 受精后 2 d2 h，原肠腔形成，原肠胚边缘下包，进入原肠早期；胚盘继续下包，胚盾渐明显；随后原肠腔壁加厚，胚胎进入原肠晚期（图 3–1–10）。

神经胚期 受精后 3 d，胚盾中间加厚，形成胚体雏形。胚环向下伸展形成原口（图 3–1–11）。

器官发生期 受精后 5 d，胚体首尾分明，胚体前端膨大形成头部，尾部膨大成圆形，胚体体节清晰可见。随后胚体头部出现眼泡，头部下方出现心脏原基，胚体绕卵 1/2。胚体开始出现黑色素沉淀（图 3–1–12）。

肌肉效应期 受精 8 d 后，胚体绕卵 3/5。色素点进一步增多。晶体形成，听囊明显。肠道形成，肛门清晰可见。心脏搏动有力，48 ~ 56 次 / 分钟，血液无色。胚体尾部离开卵黄，胚体出现间断性收缩（肌肉效应），肌肉扭动频率 8 ~ 15 次 / 分钟（图 3–1–13）。

孵出前期 受精后 18 d，胚体盘曲绕卵 1 周半，不时扭动，已发育成仔鱼雏形，胚体浅绿色。血管清晰，血液开始出现红色，血流速度快。由于胚体的压力，卵黄进一步缩小为椭圆形，油球融合为 1 ~ 5 个。胚胎眼球有黑色素出现，眼球颜色随发育逐渐加深，这与多数海水硬骨鱼类不同，而较接近于卵胎生鱼类如许氏平鲉（*Sebastodes fuscescens*）等种类。胚体全身分布黑色素细胞，并具有扩散能力，呈现星芒状，颜色较深（图 3–1–14，图 3–1–15）。

孵出期 20 d，胚体抖动幅度和频率进一步加大，卵黄囊进一步缩小。随着胚体的扭动，胚体按照先尾部后头部的顺序破膜而出（图 3–1–16）。初孵仔鱼全长平均 0.62 cm（图 3–1–17）。

第二节 仔、稚、幼鱼发育特征

一、大泷六线鱼仔、稚、幼鱼早期发育阶段的划分

有关海水鱼类仔、稚、幼鱼胚后发育阶段的划分，不同学者对同种或不同鱼类的划分不尽相同。大泷六线鱼仔、稚、幼鱼发育阶段的划分尚未见报道，我们依据大泷六线鱼早期发育过程中卵黄囊、侧线、鳞片、体色等形态特征的变化，将大泷六线鱼仔、稚、幼鱼的发育分为 4 个时期：从鱼苗孵出至卵黄囊消失为前期仔鱼期（0 ~ 6 d）；从卵黄囊消失至侧线开始形成，为后期仔鱼期（6 ~ 28 d）；从侧线开始形成到体表遍布鳞片，侧线完全形成，体色绿色开始褪去向黄色转变，背鳍凹处出现一黑斑为稚鱼期（28 ~ 60 d）；此后进入幼鱼期（60 d以后），鱼体体形、体色等均与成鱼相似。

二、 仔、稚、幼鱼的发育

在水温 16.0℃、盐度 31、pH8.0 的条件下，大泷六线鱼仔、稚、幼鱼各期生长发育特征如下（图 3–2，图 3–3，图 3–4）。

初孵仔鱼

全长（6.18 ± 0.50）mm（*n*=60），体高（0.96 ± 0.19）mm（*n*=60），

肛前长（2.38 ± 0.22）mm（n=60），眼径（0.55 ± 0.04）mm（n=60）；卵黄囊膨大成梨形，长径（1.74 ± 0.24） mm（n=60），短径（1.39 ± 0.19）mm（n=60）；油球球形，鲜黄色，1 个（极少数 2 ~ 5 个），位于卵黄囊前端下缘（图 3–2–0 d）。

仔鱼通体透明，浅绿色，头部、背部、卵黄囊上缘、脊柱体侧均有点状、星芒状黑色素细胞分布；眼侧位，眼球色素浓黑；听囊清晰；全身从背部到尾部为一连贯的透明鳍膜（仔鱼膜）；肌节明显，53 ~ 57 对；心脏规律性搏动，50 ~ 70 次 / 分钟；卵黄囊上血管密布，淡红色血液在卵黄囊、吻端、躯干脊椎下方流动清晰可见，尾部血管不分支；消化道初步形成，平直，口时有吞咽动作；鳃形成，鳃弓明显，鳃丝呈浅红色。仔鱼出膜后很快展直身体，侧卧水底，活力较弱，1~2 h 后开始间歇性运动，并上浮到水面。

1 日龄仔鱼

鱼体延长，全长（6.49 ± 0.52）mm（n=30）；卵黄囊收缩，油球缩小，少数仔鱼仍有多个油球；头部、卵黄囊、背部、体侧黑色素细胞继续增多、颜色加深；消化道贯通；鳍膜从听囊后部开始，经尾部直至肛前卵黄囊下方结束，尾鳍膜弧形有放射线出现；胸鳍发达，呈扇形（图 3–2–1 d，图 3–3–1 d，图 3–4–1 d）。

3 日龄仔鱼

全长（6.93 ± 0.56）mm（n=30）；卵黄囊明显收缩，油球尚存；鱼体浅绿色，色素细胞继续增多，颜色加深，头部、卵黄囊上侧开始变得不透明；尾鳍基出现；部分仔鱼开始摄食轮虫（图 3–2–3d）。

6 日龄仔鱼

全长（7.36 ± 0.62）mm（n=30）；油球消耗殆尽；鱼体腹部不透明，鳍部透明，故水中所见仍为透明仔鱼；尾鳍基更加明显，尾椎骨开始上翘，尾鳍条可见；臀鳍原基开始出现；消化道开始出现弯曲（图 3–2–6 d，图 3–3–6 d，图 3–4–6 d）。

10 日龄仔鱼

全长（9.60 ± 0.68）mm（n=30）；体色绿色加深，鱼体变得不透明；

卵黄囊吸收完毕，腹部因卵黄囊持续收缩出现缺刻；尾椎骨进一步上翘，其下方鳍条清晰可见；背鳍原基开始出现；臀鳍波浪形原基明显（图 3-2-10 d）。

16 日龄仔鱼

全长（12.70 ± 0.74）mm（*n*=30）；尾部棒状骨开始形成，尾鳍鳍条明显，开始出现分节；背鳍、臀鳍波浪形原基形成，鳍条可见（图 3-2-16 d、图 3-3-16 d 和图 3-4-16 d）。

26 日龄仔鱼

全长（16.91 ± 0.88）mm（*n*=30）；体表局部银色明显，开始出现细小鳞片，为栉鳞，向稚鱼期过渡；鱼体表面的黄色素、黑色素增加，外形发育基本完成；尾鳍圆形，鳍条 18，分 5 节；背鳍、臀鳍鳍条各 19，出现分节（图 3-2-26 d），图 3-4-26 d）。

28 日龄稚鱼

全长（18.50 ± 0.90）mm（n=30）；生出侧线鳞，背鳍连续、中间微凹的前后两部分，前部鳍棘 18，后部鳍条 20；尾鳍条 29，最多分 6 节；臀鳍条 20（图 3-2-28 d，图 3-3-28 d）。

38 日龄稚鱼

全长（40.00 ± 1.98）mm（*n*=30）；背鳍鳍条 41，臀鳍鳍条 20，腹鳍鳍条 6，胸鳍鳍条 17，除尾鳍外各鳍鳍条均达定数；尾鳍条 44，部分尾鳍分支；眼睑上出现皮质突起（图 3-2-38 d，图 3-3-38 d）。

48 日龄稚鱼

全长（43.70 ± 3.02）mm（*n*=30）；背鳍、臀鳍鳍条最多分 6 节，胸鳍鳍条最多分 11 节，腹鳍鳍条最多分 7 节；尾鳍中间微凹，截形，鳍条 46，分节鳍条 14，最多分 12 节，尾鳍中部鳍条分支后又出现 2 ~ 3 节，除尾鳍条外，其他鳍条均不分支；上颌牙齿 18 ~ 22 个，下颌齿明显少于上颌，仅有数个。稚鱼开始潜入水底，仅摄食时游到水面（图 3-2-48 d，图 3-3-48 d）。

60 日龄幼鱼

全长（52.00 ± 4.06）mm（n=30）；体表遍布鳞片；侧线清晰明显，纵贯体侧中部偏上位置，侧线上方体色浅绿色，其间散布许多黑色素点，下方腹部银色；口端位，多数吻端呈橘红色或褐色；部分幼鱼浅绿色开始从头向尾部方向逐渐褪去，变为浅黄褐色，背鳍凹处出现一圆形黑斑（图 3-2-60 d，图 3-4-60 d）。

80 日龄幼鱼

全长（62.00 ± 3.10）mm（n=30）；鱼体体形、体色近成鱼，黄褐色，各鳍上均有黑、黄色素斑分布；多栖息于水底，寻找遮蔽物躲藏（图 3-2-80 d，图 3-3-80 d，图 3-4-80 d）。

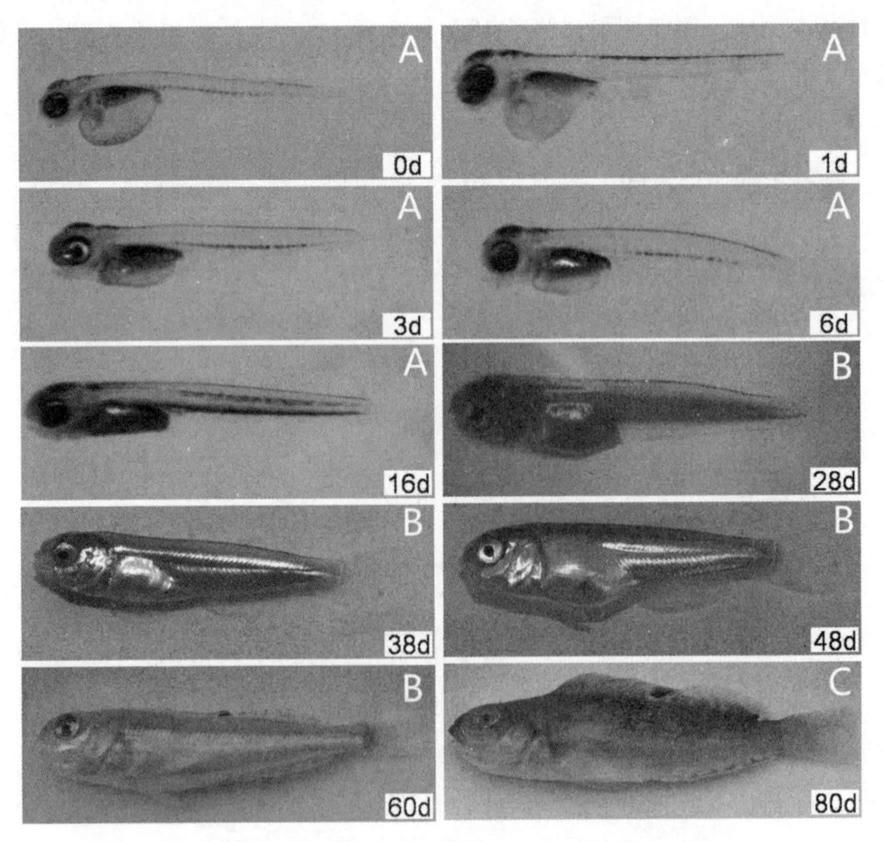

A—仔鱼　　B—稚鱼　　C—幼鱼

图 3-2　大泷六线鱼仔、稚、幼鱼形态特征

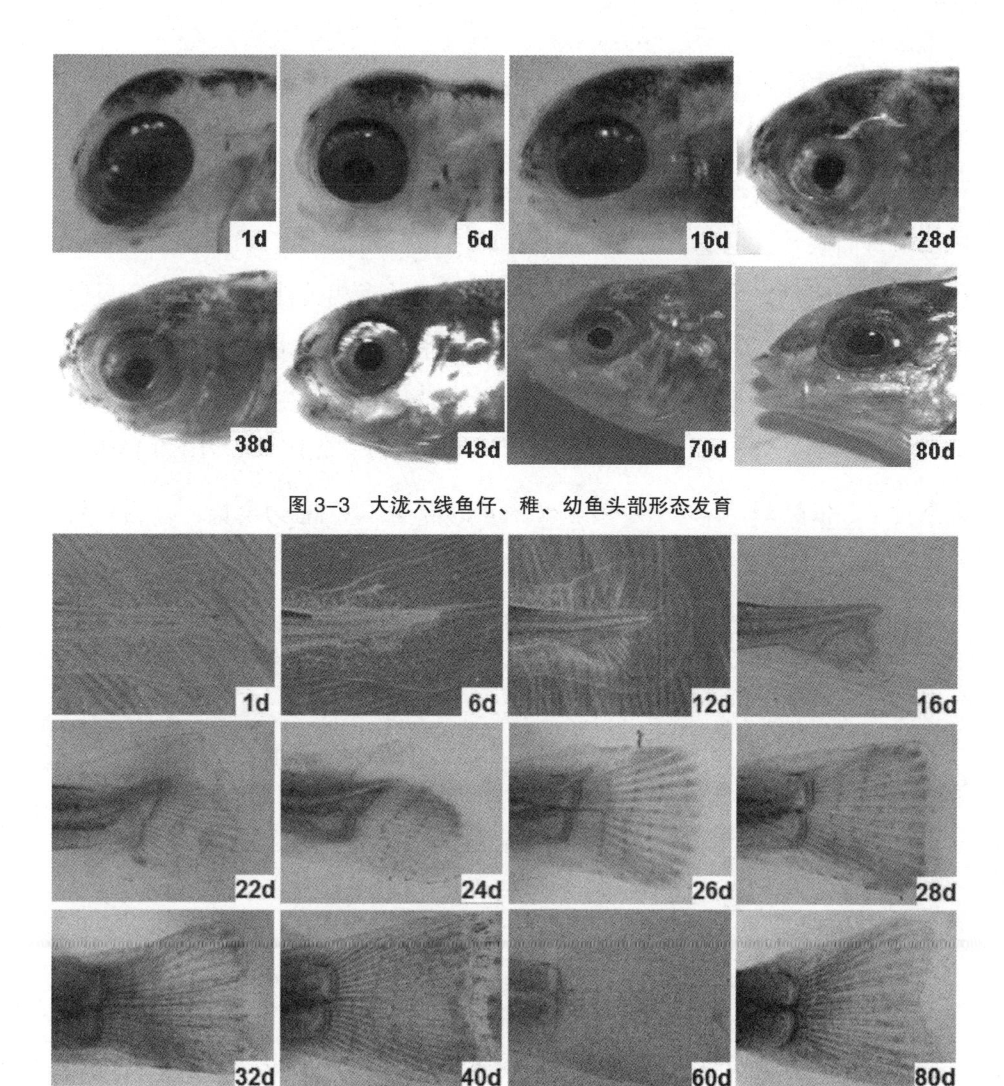

图 3-3　大泷六线鱼仔、稚、幼鱼头部形态发育

图 3-4　大泷六线鱼仔、稚、幼鱼尾部形态发育

三、仔、稚、幼鱼的生长

在 16.0 ℃孵化水温下，大泷六线鱼初孵仔鱼全长（6.18 ± 0.50）mm（n=60），游泳能力较弱，多沉在水底。孵出 1 h 后开始浮上水面，在培育池中分布较为分散。初孵仔鱼由卵黄供给营养，无摄食能力，生长较缓慢。随着卵黄被迅速吸收及摄食、相关消化器官的逐渐完善，3 ~ 4 日龄仔鱼开始摄食轮虫，游泳能力逐渐增强，并开始集群。大泷六线鱼仔鱼开口时卵黄

囊尚存，其开口期属于混合营养型。10 日龄后仔鱼能够摄食卤虫无节幼体，生长速度明显加快。48 日龄后，开始投喂配合饲料，幼鱼生长渐趋稳定，开始潜入寻找遮蔽物，仅摄食时游到水面上来，较少游动，夜间紧贴池底，尾部呈弯曲状，这也是岩礁鱼类的特性。

大泷六线鱼仔稚幼鱼全长与日龄呈现明显的正相关性（图 3-5），且呈现先慢后快再慢的趋势：0 ~ 7 d 生长相对缓慢，平均生长率为 0.21 mm/d；7d 后进入快速生长期，平均生长率为 0.88 mm/d；48 d 后生长速度再度趋缓，平均生长率为 0.57 mm/d。在水温 16.0℃、盐度 31、光照 500~1000 Lx 的培育条件下，依照 $TL = aD^3 + bD^2 + cD + d$ 的方程式（TL 为全长，D 为日龄）对前 80 日龄大泷六线鱼的全长与日龄进行回归，得到生长模型为 $TL_{(0\sim80)} = 0.000\,2D^3 - 0.028\,1D^2 - 0.155\,7D + 7.376$（$R^2 = 0.9939$）（图 3-6）。

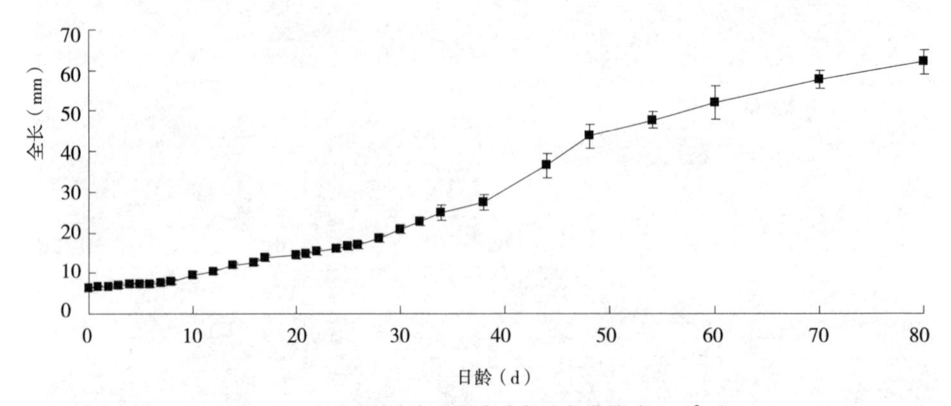

图 3-5 大泷六线鱼仔稚幼鱼全长生长曲线（16.0℃）

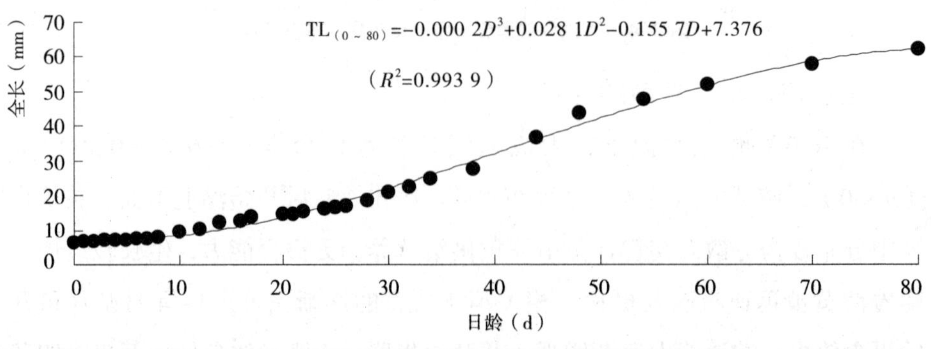

图 3-6 80 日龄大泷六线鱼全长生长模型（16.0℃）

对 3 个阶段即初孵仔鱼至 7 日龄、7 日龄至 48 日龄、48 日龄至 80 日龄分别回归，生长模型分别为（图 3 –7）：$TL_{(0\sim7)} = 0.004\,6D^3 - 0.057\,2D^2 + 0.383\,1D + 6.175\,1$（$R^2$=0.9971），$TL_{(7\sim48)} = 0.000\,5D^3 - 0.026\,7D^2 + 0.931D + 2.269$（$R^2$=0.9973），$TL_{(48\sim80)} = 0.000\,1D^3 - 0.018\,7D^2 - 0.204\,5D + 24.646$（$R^2$=0.9998）。

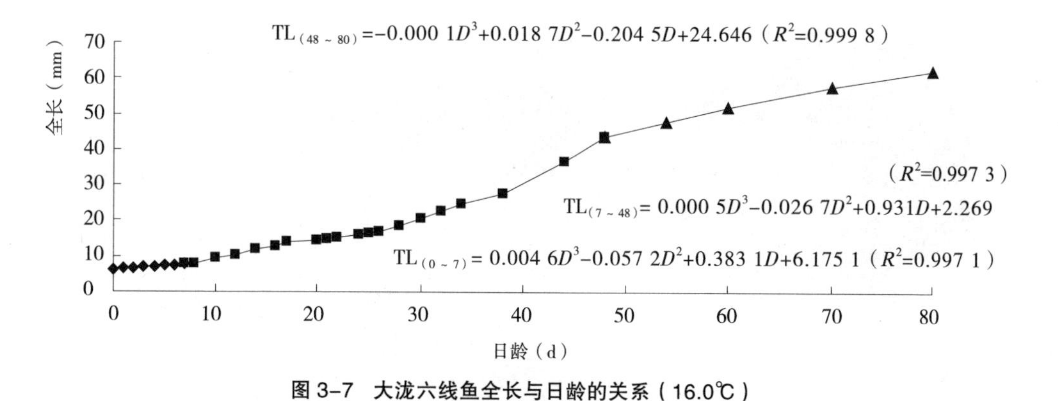

图 3–7 大泷六线鱼全长与日龄的关系（16.0℃）

初孵仔鱼至仔鱼开口前（0～3 d）完全靠自身卵黄营养，3～7 d 内仔鱼刚刚开始摄食轮虫，摄食能力较弱，摄食量小，生长较为缓慢；7 d 后进入快速生长期，仔鱼孵出 6 d 后，仔鱼由内源性营养成功过渡到外源性营养，开始摄食投入的卤虫无节幼体，摄食量逐渐增大，生长迅速；48 d 后，开始投喂配合饲料，生长速度趋缓，并逐渐稳定。可以看出，这 3 个生长模型能够更好地反映 3 个阶段各自的生长规律。

四、仔、稚、幼鱼体色变化

大泷六线鱼鱼卵颜色有较大差异，主要有棕色、灰白、黄橙、灰绿、浅蓝等多种。我们对大泷六线鱼的仔稚幼鱼的体色研究发现：胚胎发育后期，胚体分布星芒状色素细胞，胚体呈浅绿色；初孵仔鱼与胚胎发育期颜色相同，通体呈浅绿色，随着生长发育，体绿色逐渐加深，至幼鱼阶段体色逐渐转变为淡黄色，并最终加深为正常的黄色（图 3–8）。大泷六线鱼早期发育过程中发现其蓝绿色体色并非是血液或皮肤体表的颜色，其可能是来源于体内骨骼的颜色，因为鱼类本身很少含有蓝绿色素细胞，类似于其他鱼类的骨骼体色成因，如扁颌针鱼（*Ablennes anastomella*）的绿色、鲣鱼（*Katsuwonus pelamis*）的蓝绿色，以及其他种类包括杜父鱼属（*Cottus*）、绵鳚属（*Zoarces*）等，由于骨内含有胆绿素而呈现出蓝绿色的体色[7]。大泷六线鱼早期发育是否也是由于存在胆绿素的情况还需要进一步研究证实。

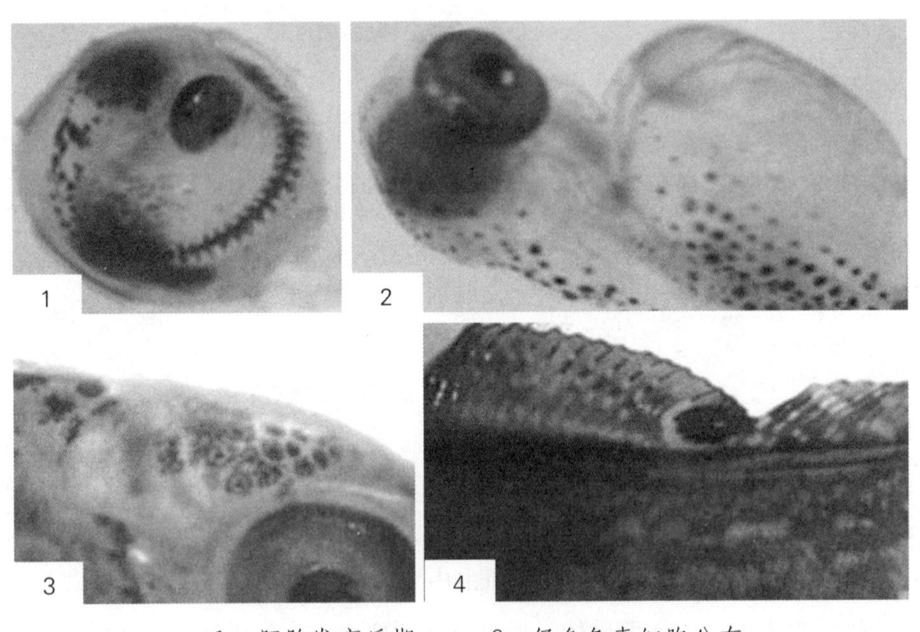

1—胚胎发育后期　　2—仔鱼色素细胞分布
3—稚鱼体色　　4—幼鱼体色

图 3-8　大泷六线鱼仔、稚、幼鱼体色发育

第四章

Chapter Four

大泷六线鱼早期生态及生理特性

鱼类生活于河流、湖泊、海洋等多种广泛的水域中，生态环境的多样性造就了鱼类外部形态和内部结构、生理和生态特征的多样性。鱼类生理学系统研究鱼类在各种不同的生态环境下身体各个器官系统的生理功能特点和适应变化情况。鱼类生理学的研究内容既具有重要的学术理论意义，有助于阐明动物界特别是脊椎动物各种组织器官及其生理功能在长期进化过程中的形成、变化和发展的规律，又具有重大实际应用价值，特别是为鱼类养殖业的持续健康发展提供必要的理论依据和技术支撑。只有充分掌握这些基本生物学知识，才能优化鱼类的养殖生态环境、建立合理的生产模式，达到稳产、高产的目的。

第一节　胚胎发育的生态环境

在鱼类苗种生产过程中，和其他动物一样，死亡率最高的是早期发育阶段。鱼类胚胎发育受环境条件的制约，温度、盐度、溶解氧是影响鱼类生命早期最敏感的几种主要因子。为了提高鱼苗早期成活率，研究生态因子对鱼类个体发育早期阶段（胚胎）的影响是很有必要的。

温度是影响大泷六线鱼胚胎发育的主要环境因子之一。在温度影响胚胎发育实验中设置6个温度梯度：4℃，8℃，12℃，16℃，20℃，24℃；每个梯度均设3个平行组，进行大泷六线鱼受精卵的孵化实验。孵化海水盐度为31，pH8.0，采用恒温连续充气的孵化方式，日换水2次，每次换水量为1/2。结果表明，水温对大泷六线鱼受精卵孵化影响明显，孵化时间随水温的升高逐渐缩短；孵化率随水温的升高呈先升高后降低的趋势，在16℃时达到最大值79%；畸形率随水温的升高呈先降低后升高的趋势，在16℃时出现最小值6%；水温24℃，5 d后胚胎停止发育并逐渐坏死（表4-1）。

表4-1　温度对大泷六线鱼受精卵孵化的影响

孵化水温（℃）	孵化时间（d）	孵化率（%）	畸形率（%）
4	31	38	43
8	26	41	28
12	24	59	11
16	20	79	6
20	18	42	23
24	未孵出	未孵出	未孵出

大泷六线鱼是我国海水养殖鱼类中卵径较大的品种，明显大于一般海水硬骨鱼类鱼卵卵径；孵化时间也较长，受精卵在水温 16℃的情况下，需经 20 d 才能孵出仔鱼，远长于牙鲆、真鲷等北方主要海水经济鱼类的孵化时间（3 d）。较大的卵径和较长的孵化时间可能是由大泷六线鱼繁殖季节决定的。秋冬季节水温明显下降，海水中可供初孵仔鱼摄食的微生物、藻类等比较匮乏，较大的鱼卵能储备更多的营养物质，较长的孵化时间能使组织、器官发育更加完善，从而使仔鱼孵出后具有更强的环境适应能力。

温度是影响鱼类胚胎发育及其生存、生长和发育的最重要生态因子之一。不同鱼类的适温范围不同，同一种鱼类的不同生态类群，其适温范围亦可能不同。鱼类胚胎孵化主要受胚体的运动和孵化酶的作用两方面影响，适当提高孵化过程中的温度，有利于缩短孵化期；而孵化酶的分泌和作用受温度的影响较明显，在孵化酶分泌过程中温度的下降，不仅能显著延迟孵化，而且胚胎的存活率也降低。

本实验中，各组大泷六线鱼胚胎孵化时间与孵化水温呈负相关，孵化率随孵化水温的升高呈现先升高后降低的趋势，在 16℃时达到最大值 79%，明显高于自然海区采集卵块的孵化率 56%，而畸形率随孵化水温的升高呈现先降低后升高的趋势。低水温组初孵仔鱼卵黄囊体积比高水温组小，可见胚胎孵化时间越长，卵黄的消耗越多，初孵仔鱼卵黄囊体积越小。因此在适宜的温度范围内，调高孵化水温有利于胚胎的孵化和初孵仔鱼的存活生长。大泷六线鱼受精卵的最适宜孵化水温为 16℃，同期大泷六线鱼自然孵化水温为 6℃ ~ 12℃，明显低于最适宜孵化水温，但是胚胎发育除了与培养水温关系密切外，其他环境条件如盐度、pH 、水质状况等生态因子也具有一定的影响作用。水温 24℃实验组胚胎发育至 5 d 即停止发育，并逐渐坏死，这可能与大泷六线鱼属冷温性鱼类有关；另一方面胚胎在 24℃水温下经 5 d 顺利发育到器官发生期，而后才停止发育并逐渐坏死，可见胚胎发育各时期的适宜水温可能存在差异，不同发育期对水温的具体要求不尽相同。

第二节 仔鱼存活率与生长环境的影响

一、温度对大泷六线鱼仔鱼存活率的影响

适宜的温度是鱼类正常存活生长的必要条件，是维持正常生理状态、促进生长的重要保障，温度过高或过低均会对鱼类的生理生态状况产生不利影响。鱼类的生长在一定温度范围内随着水温的升高而增加，但当水温超过其最适水温后，生长则会下降。一定范围内增温对鱼类生长发育具正效应，而水温过高时，则往往会抑制鱼类的存活与生长。温度是影响海水鱼类生存、生长最重要的环境因子之一。我们在苗种培育期研究了温度渐变及突变对大泷六线鱼初孵仔鱼与10日龄仔鱼存活与生长的影响。

1. 温度渐变对仔鱼存活率的影响

实验仔鱼为两种规格，分别为大泷六线鱼初孵仔鱼，体长（6.68 ± 0.25）mm；10日龄仔鱼，体长（7.87 ± 0.36）mm。设置5个温度梯度：4℃，8℃，12℃，16℃，20℃；每个温度梯度设3个平行组，其中16℃为对照组。每4 h升降一个温度梯度，48 h后观察各温度中大泷六线鱼仔鱼的存活状况，计数并计算成活率。

结果表明，温度对大泷六线鱼仔鱼存活率影响显著（$P < 0.05$）。温度4℃ ~ 16℃的各组平均存活率显著高于温度为20℃的实验组，平均存活率均达86.6%以上（表4-2）。温度为20℃的实验组，存活仔鱼活力差，死亡鱼体色发白，成蜷曲状。这与生活习性相关，大泷六线鱼为近海冷温性底栖鱼类，它的产卵繁殖时间为每年10月下旬 ~ 11月中旬，一般在秋季底层水温10℃ ~ 15℃时产卵，幼体培育期自然海水水温一般在3℃ ~ 12℃。

表 4–2　温度渐变对大泷六线鱼仔鱼存活的影响

	初孵仔鱼			10 日龄仔鱼		
温度（℃）	实验前数量（尾）	实验后平均数量（尾）	平均存活率（%）	实验前数量（尾）	实验后平均数量（尾）	平均存活率（%）
4	50	43.3	86.6[a]	50	46.3	92.6[a]
8	50	45	90[a]	50	47.3	94.6[a]
12	50	48.3	96.6[b]	50	50	100[b]
16	50	50	100[b]	50	50	100[b]
20	50	18	36[c]	50	24	48[c]

注：同一栏中不同上标字母表示存在显著性差异（$P<0.05$），下同。

2. 温度突变对仔鱼存活的影响

设置 5 个温度梯度：4℃，8℃，12℃，16℃，20℃。每个温度梯度设 3 个平行组，其中 16℃为对照组。调到相应的温度后放入仔鱼，48h 后观察各温度中大泷六线鱼仔鱼的存活状况，计算平均存活率。结果表明：4℃～16℃温度组具有较高的存活率，温度 20℃的实验组存活率在 30% 以下，鱼体发白、腐烂、呈蜷曲状死亡（表 4–3）。

表 4–3　温度突变对大泷六线鱼仔鱼存活的影响

	初孵仔鱼			10 日龄仔鱼		
温度（℃）	实验前数量(尾）	实验后平均数量（尾）	平均存活率（%）	实验前数量(尾）	实验后平均数量（尾）	平均存活率（%）
4	50	43.3	86.6[ab]	50	44	88[a]
8	50	42.3	84.6[a]	50	43	86[a]
12	50	46	92b[c]	50	49.3	98.6[b]
16	50	48.7	97.4[cd]	50	50	100[b]
20	50	10	20[e]	50	14.3	28.6[c]

二、盐度对大泷六线鱼仔鱼存活率的影响

盐度是影响鱼类生长代谢等各种生理活动的重要环境因素。盐度的变化迫使鱼类自身通过一系列生理变化来调整体内外渗透压的动态平衡，致使其存活率与摄食生长等生理指标发生相应变化。我们在苗种培育期研究了盐度渐变及突变对大泷六线鱼初孵仔鱼与10日龄仔鱼存活率与生长的影响。

1. 盐度渐变对仔鱼存活率的影响

设置8个盐度梯度：0，5，10，15，20，25，30，35，每个盐度梯度设3个平行组，盐度30为对照组。试验用水为沉淀砂滤后的海水，盐度通过在砂滤海水中加入海水晶和曝气24h的自来水来调节，盐度用海水相对密度比重计（精确度±1）来标定。每4h升降一个盐度梯度，水温设定为16℃，48h后观察各盐度中大泷六线鱼仔鱼的存活状况。结果表明，盐度对大泷六线鱼仔鱼存活率影响显著（$P<0.05$）。初孵仔鱼及10日龄仔鱼在盐度10～30范围内存活率均大于90%，而当盐度降为5时则全部死亡。初孵仔鱼在盐度35时表现为活力很差，1h后即伏在箱底不动，2.5h后全部死亡。10日龄仔鱼在盐度35时的存活率为40%（表4-4）。

表4-4 盐度渐变对大泷六线鱼仔鱼存活率的影响

	初孵仔鱼			10日龄仔鱼		
盐度	实验前数量(尾)	实验后平均数量（尾）	平均存活率(%)	实验前数量(尾)	实验后平均数量（尾）	平均存活率(%)
0	50	0	0[a]	50	0	0[a]
5	50	0	0[a]	50	0	0[a]
10	50	48	96[b]	50	47.7	95.4[b]
15	50	45.3	90.6[c]	50	49	98[cd]
20	50	49	98[bd]	50	48.3	96.6[bc]
25	50	48	96[b]	50	50	100[d]
30	50	50	100[d]	50	50	100[d]
35	50	0	0[a]	50	20	40[e]

盐度在 10 ~ 30 范围内，初孵仔鱼和 10 日龄仔鱼在 48 h 内存活率差别不大，主要是刚孵出的仔鱼依靠卵黄营养，无向外界摄食的能力，因而其消耗的能量也大大降低。仔鱼体内所贮存的能量足以满足维持体内渗透压平衡所需要的能量，因此各个盐度条件下大泷六线鱼仔鱼存活率无较大差别。而当盐度为 35 时，初孵仔鱼表现为活力差，1 h 后即伏在箱底不动，2.5 h 后全部死亡。10 日龄仔鱼在盐度 35 时的存活率也仅为 40%。这是高盐条件下仔鱼用于维持体内渗透压的稳定而消耗的能量增加，从而不利于仔鱼的生存。海水硬骨鱼初孵仔鱼体液中的盐度通常为 12 ~ 16，当环境盐度较低时，仔鱼用于维持体内渗透压的稳定而消耗的能量也减少，从而有利于仔鱼的生存。

2. 盐度突变对仔鱼存活率的影响

设置 8 个盐度梯度：0，5，10，15，20，25，30，35，每个盐度梯度设 3 个平行组，盐度 30 为对照组。调整到相应的盐度后放入仔鱼，水温设定为 16℃。48 h 后观察各盐度中大泷六线鱼仔鱼的存活状况。结果表明，盐度为 25 和 30 的实验组仔鱼的存活率都在 95% 以上，显著高于其他实验组（$P<0.05$）。盐度为 0 和 5 的实验组仔鱼全部死亡。盐度为 35 时，初孵仔鱼全部死亡，10 日龄仔鱼的存活率仅为 20%。盐度为 10~20 的实验组，仔鱼出现不同程度的死亡，存活率可达 56% ~ 75%（表 4–5）。

表 4–5　盐度突变对大泷六线鱼仔鱼存活率的影响

盐度	初孵仔鱼			10 日龄仔鱼		
	实验前数量（尾）	实验后平均数量（尾）	平均存活率（%）	实验前数量（尾）	实验后平均数量（尾）	平均存活率（%）
0	50	0	0^{a}	50	0	0^{a}
5	50	0	0^{a}	50	0	0^{a}
10	50	28	56^{b}	50	32	64^{b}
15	50	37.3	74.6^{c}	50	34.3	68.6^{c}
20	50	31.7	63.4^{d}	50	36	72^{d}

（续表）

	初孵仔鱼			10日龄仔鱼		
盐度	实验前数量（尾）	实验后平均数量（尾）	平均存活率（%）	实验前数量（尾）	实验后平均数量（尾）	平均存活率（%）
25	50	48	96[e]	50	50	100[e]
30	50	50	100[f]	50	50	100[e]
35	50	0	0[a]	50	10.3	20.6[f]

三、温度对大泷六线鱼仔鱼生长的影响

我们在苗种培育过程中进行了温度对大泷六线鱼仔鱼生长的影响实验。实验用鱼为5日龄和15日龄大泷六线鱼仔鱼。设置5个温度梯度：4℃，8℃，12℃，16℃，20℃，每个温度梯度设3个平行组，以16℃水温作为对照。仔鱼摄食后开始投喂褶皱臂尾轮虫，投喂密度为6～8个/毫升，每天1次，轮虫在投喂前用小球藻强化培养。实验持续15天后，记录实验前后仔鱼的全长。取15日龄仔鱼，每天投喂卤虫无节幼体一次，后期混合投喂配合饲料，实验持续30天，实验结束时测量仔鱼全长。结果表明，温度对生长情况的影响显著。在温度4℃~16℃范围内，5日龄仔鱼和15日龄仔鱼的全长随着温度的升高而增加；而20℃的实验组，仔鱼的全长呈现下降趋势，其中12℃、16℃温度组仔鱼的全长变化显著高于其余各组（$P < 0.05$）（表4–6）。

表4–6 5日龄仔鱼和15日龄仔鱼在不同温度条件下的全长变化

温度（℃）	5日龄仔鱼全长（mm）		15日龄仔鱼全长（mm）	
	实验前	实验后	实验前	实验后
4	8.014 ± 0.038	9.763 ± 0.158[a]	10.857 ± 0.137	20.947 ± 0.119[a]
8	8.014 ± 0.038	10.269 ± 0.095[b]	10.857 ± 0.137	22.609 ± 0.124[b]
12	8.014 ± 0.038	10.876 ± 0.084[c]	10.857 ± 0.137	25.826 ± 0.127[c]
16	8.014 ± 0.038	11.118 ± 0.216[c]	10.857 ± 0.137	27.638 ± 0.168[d]
20	8.014 ± 0.038	10.18 ± 0.192[bd]	10.857 ± 0.137	19.786 ± 0.098[e]

鱼类的生长在一定温度范围内随着水温的升高而增加，但当水温超过其最适水温后，生长则会下降。研究表明，随着温度的升高，大泷六线鱼仔鱼的生长呈现先升高后降低的趋势。在4℃～16℃范围内仔鱼均能生长，16℃时全长增长最快，12℃～16℃范围内全长增长显著高于其他温度组。因此可以得出，在本实验条件下大泷六线鱼仔鱼的适宜温度范围为4℃～16℃，最适温度范围为12℃～16℃。

四、盐度对大泷六线鱼仔鱼生长的影响

我们在苗种培育过程中进行了盐度对大泷六线鱼仔鱼生长的影响实验，实验用鱼为5日龄和15日龄大泷六线鱼仔鱼。根据盐度存活实验情况，共设6个盐度梯度10，15，20，25，30，35，每个梯度设3个平行组，以自然海水盐度30作为对照。实验水温为16℃，仔鱼投喂方式同上。结果表明，盐度为10～35的各实验组，仔鱼均能正常摄食与生长；其中25、30盐度组的全长增长最快，与其他实验组的差异显著（$P<0.05$）（表4–7）。

表4–7 5日龄仔鱼和15日龄仔鱼在不同盐度条件下的全长变化

盐度	5日龄仔鱼全长（mm）		15日龄仔鱼全长（mm）	
	实验前	实验后	实验前	实验后
10	8.014 ± 0.038	10.073 ± 0.106[a]	10.857 ± 0.137	20.356 ± 0.125[a]
15	8.014 ± 0.038	9.988 ± 0.149[a]	10.857 ± 0.137	21.620 ± 0.151[b]
20	8.014 ± 0.038	10.687 ± 0.083[b]	10.857 ± 0.137	25.749 ± 0.078[c]
25	8.014 ± 0.038	11.025 ± 0.187[c]	10.857 ± 0.137	27.836 ± 0.206[d]
30	8.014 ± 0.038	11.569 ± 0.179[d]	10.857 ± 0.137	28.462 ± 0.097[e]
35	8.014 ± 0.038	10.358 ± 0.086[e]	10.857 ± 0.137	22.539 ± 0.162[f]

盐度影响仔鱼的生长，尤其是变态期仔鱼。南方鲆变态期仔鱼在盐度为10时存活率很低，但生长较好，同时完成变态率较高；盐度在20～30时存活率较高，但生长慢，同时变态率也相对稍低[8]。本实验中，盐度变化对大泷六线鱼仔鱼的生长影响显著，盐度在10～35，仔鱼的生长基本呈现先升高后降低的变化趋势，盐度在25～30仔鱼的全长变化显著高于其他各盐度组。因此可以得出，在本实验条件下大泷六线鱼仔鱼的适宜盐度为

10～30，最适盐度为25～30。大泷六线鱼仔鱼在盐度35时的生长缓慢，原因是在非等渗环境中，鱼类需要消耗大量的能量来维持渗透压的平衡，从而造成生长速度显著降低。

第三节　幼鱼存活率与生长的环境影响

在苗种培育过程中，幼鱼阶段是非常关键的时期，此时幼鱼的各器官、系统、生理机能均处于发育完善阶段，对环境因子的变化非常敏感，因此环境因子对幼鱼的存活率与生长都有非常重要的影响。温度和盐度是其中尤为重要的因子。

一、温度变化对大泷六线鱼幼鱼存活率与生长的影响

温度是影响海水鱼类生长最重要的环境因子。鱼类早期发育阶段被认为是发育过程中对温度敏感的时期，此时的水温变化会对鱼类发育乃至生存产生重大影响。鱼类的生长率在一定温度内随着水温的升高而增加，但当水温超过其适应水温后，生长率则会下降。

我们对温度与盐度对大泷六线鱼幼鱼存活率与生长的影响进行了研究，实验用鱼为4月龄的大泷六线鱼幼鱼。设置10个温度梯度：5℃，8℃，11℃，14℃，17℃，20℃，23℃，26℃，29℃，32℃。每个温度梯度设3个平行组，温度17℃组为对照组，海水盐度为30。实验开始前24 h停止投喂使幼鱼肠内排空，将幼鱼称重后分别放到各水槽，规格为40 cm×50 cm×60 cm，每个水槽放养健康幼鱼40尾。实验期间的养殖管理与生产期间的养殖管理完全相同，换水时分别加入相应温度的海水。实验时间为15 d，观察并统计大泷六线鱼的存活和生长情况。

实验开始时，5℃温度组大泷六线鱼幼鱼快速游动，而后出现死亡，至实验结束时存活率为54.9%；8℃～23℃温度组幼鱼无明显不适，活力正

常，实验结束时幼鱼存活率均超过70%，其中17℃、20℃温度组存活率达98.3%；26℃温度组，幼鱼伏于水槽底部呼吸急促，活力极差，反应迟钝，稍后鱼体侧躺，出现死亡，至实验结束时存活率仅为36.8%； 29℃、32℃温度组，大泷六线鱼幼鱼异常兴奋，不时撞击水槽壁，身体逐渐失去平衡，随即出现死亡， 12 h 全部死亡。除29℃、32℃温度组鱼全部死亡外，其余各组大泷六线鱼幼鱼均出现不同程度的生长，日生长率随着水温的升高而逐渐增大，并于20℃时达到峰值（20.89 mg/d），随后逐渐降低，其中17℃、20℃、23℃温度组幼鱼的生长率显著高于其余各组。

结果表明，温度对大泷六线鱼幼鱼存活率与生长率影响显著（$P < 0.05$）。随着温度的升高，大泷六线鱼幼鱼存活率与生长率随实验设置温度的提高均呈现先升高后降低的趋势，其中在14～23℃幼鱼存活率均超过90%，显著高于其余温度组。17℃～23℃生长率显著高于其余温度组，而20℃时幼鱼生长率最高。因此可以得出，在本实验条件下，4月龄大泷六线鱼幼鱼的适宜生长温度为14℃～23℃，最适生长水温17℃～23℃（表4-8，图4-1，图4-2）。

表4-8 温度对大泷六线鱼4月龄幼鱼的存活率与生长的影响

温度（℃）	实验时间（d）	实验前数量(尾)	实验前平均体质量（mg）	实验后平均数量（尾）	实验后平均体质量（mg）	平均存活率（%）	平均日增重（mg/d）
5	15	40	1 726.6	21.96	1 795.6	54.9^{a}	4.6^{a}
8	15	40	1 726.6	28.67	1 843.3	71.6^{b}	7.78^{ab}
11	15	40	1 726.6	31.48	1 906.6	78.7^{bc}	12.0^{b}
14	15	40	1 726.6	36.8	1 922.9	92.0^{c}	13.09^{b}
17	15	40	1 726.6	39.33	2 014.6	98.3^{c}	19.2^{c}
20	15	40	1 726.6	39.33	2 039.9	98.3^{c}	20.89^{c}
23	15	40	1 726.6	36.24	1 999.6	90.6^{bc}	18.2^{c}
26	15	40	1 726.6	14.72	1 796.6	36.8^{d}	4.67^{ad}
29	15	40	1 726.6	0	—	0^{e}	0^{e}
32	15	40	1 726.6	0	—	0^{e}	0^{e}

注：同一栏中不相同上标字母表示存在显著性差异（$P < 0.05$），下同；“—”表示该组实验鱼全部死亡，下同。

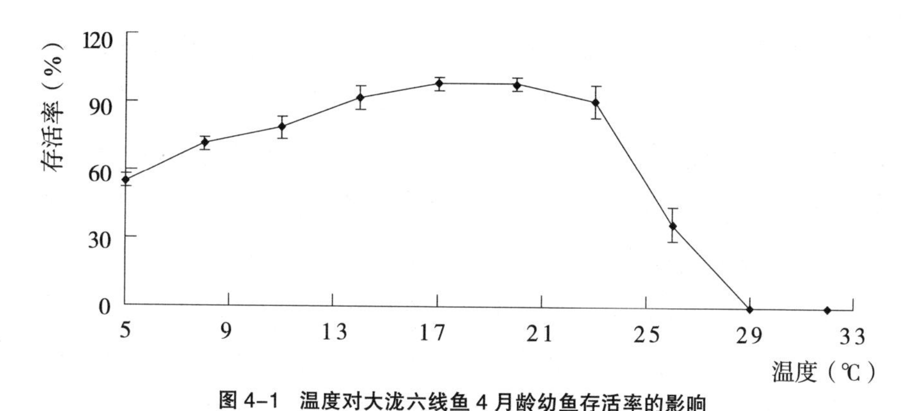

图 4-1 温度对大泷六线鱼 4 月龄幼鱼存活率的影响

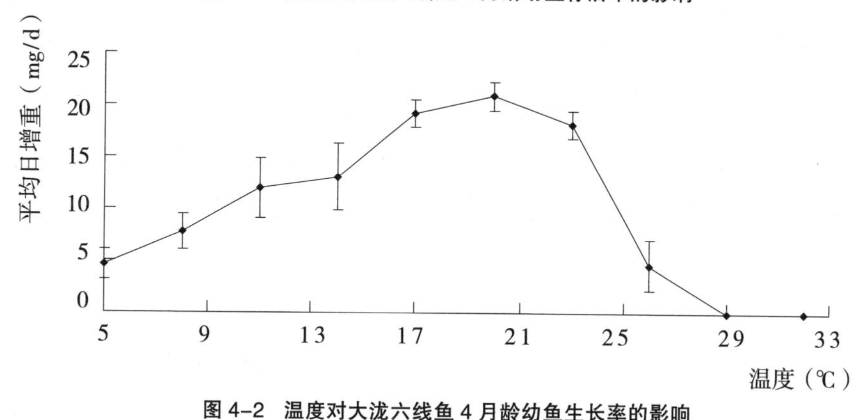

图 4-2 温度对大泷六线鱼 4 月龄幼鱼生长率的影响

二、盐度变化对大泷六线鱼幼鱼存活率与生长的影响

盐度也是影响海水鱼类存活与生长的重要环境因子，鱼类对盐度变化的适应能力受体内渗透压的控制。在等渗环境中，鱼类不需要进行耗能的渗透压调节，摄食能量可全部用于生长发育，此时鱼类摄食量最大、代谢率最低，生长和饲料转化效率也最大；而在非等渗环境中，鱼类则需要消耗大量的能量来维持渗透压的平衡，表现为食欲下降，吸收率、转化率和生长率显著降低，甚至出现负生长，直至死亡。盐度的改变会影响幼鱼原来正常的代谢，如渗透压调节、内分泌等。幼鱼需要消耗一些能量来满足离子和渗透压调节，在短时间内难以适应盐度的变化，其存活率与生长则会受到影响。

实验用鱼为 4 月龄的大泷六线鱼幼鱼，设置 10 个盐度梯度：0，5，10，15，20，25，30，35，40，45，每个梯度设 3 个平行组，盐度 30 组为对照组，水温为17℃。实验开始前24 h停止投喂使幼鱼肠内排空，将幼鱼称重后分别放到各水槽，规格为40 cm×50 cm×60 cm，每个水槽放养健康幼鱼40尾。实验期间的养殖管理与生产期间的养殖管理完全相同，换水时分别加入相对应盐度的海水。实验时间为15 d，观察并统计大泷六线鱼的存活和生长情况。实验结束时，实验用鱼饥饿24 h后，使其肠内排空，然后称重。

实验开始时，0、5盐度组大泷六线鱼幼鱼四处游动，呼吸急促，稍后失去平衡并出现死亡，6 h后全部死亡；10、45盐度组大泷六线鱼幼鱼活力较差，实验结束时存活率分别为仅21.3%、22.7%；其余各实验组，幼鱼无明显不适，在盐度15～40存活率成明显峰值变化，于盐度30时达到最大值98.3%，25～35盐度组幼鱼存活率显著高于其余各组。0、5盐度组幼鱼全部死亡，日增长率为0；10、45盐度组幼鱼体质量出现负增长；在盐度15～40幼鱼生长率成明显的峰值变化，在盐度30时达到峰值（17.1 mg/d），25～35盐度组幼鱼生长率显著高于其余各组。

结果表明，盐度变化对大泷六线鱼的存活与生长影响显著（$P<0.05$）。随着盐度的升高，大泷六线鱼幼鱼存活率与生长率随实验设置盐度的提高均呈现先升高后降低的变化趋势。盐度15～40幼鱼表现出较强的适应力，盐度25～35存活率与生长率显著高于其余各盐度组。本实验条件下4月龄大泷六线鱼幼鱼适宜盐度为15～40，最适盐度为25～35（表4-9，图4-3，图4-4）。0、5盐度组幼鱼全部死亡，而10、45盐度组幼鱼日益消瘦，体质量出现负增长，可见已经不同程度地超过该阶段幼鱼的耐受范围。

表4-9 盐度对大泷六线鱼4月龄幼鱼存活率与生长的影响

盐度	实验时间（d）	实验前数量(尾)	实验前平均体质量(mg)	实验后平均数量（尾）	实验后平均体质量（mg）	平均存活率（%）	平均日增重（mg/d）
0	15	40	1 726.6	0	—	0^{a}	0
5	15	40	1 726.6	0	—	0^{a}	0

（续表）

盐度	实验时间（d）	实验前数量(尾)	实验前平均体质量(mg)	实验后平均数量（尾）	实验后平均体质量(mg)	平均存活率(%)	平均日增重（mg/d）
10	15	40	1 726.6	8.52	1 695.1	21.3[b]	-2.1
15	15	40	1 726.6	26.4	1 793.3	66[c]	4.44
20	15	40	1 726.6	29.92	1 856.6	74.8[cd]	8.67
25	15	40	1 726.6	37.4	1 938.1	93.5[e]	14.1
30	15	40	1 726.6	39.33	1 983.1	98.3[e]	17.1
35	15	40	1 726.6	36.16	1 930.6	90.4[e]	13.6
40	15	40	1 726.6	25.76	1 743.1	64.4[cf]	1.1
45	15	40	1 726.6	8.67	1 693.6	21. 7[b]	-2.2

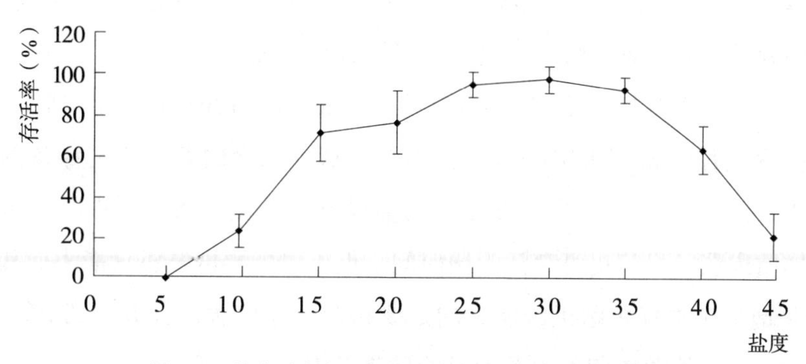

图 4-3 盐度对大泷六线鱼 4 月龄幼鱼存活率的影响

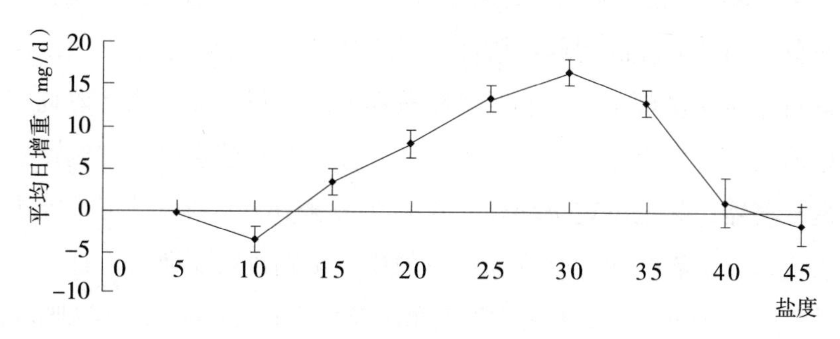

图 4-4 盐度对大泷六线鱼 4 月龄幼鱼生长率的影响

第四节 饥饿对仔鱼生长的影响

生长是生命的基本特征，是生物个体得以维持的基础。鱼类死亡和其他生物一样，是生命有机界的固有规律。鱼类作为低等脊椎动物，多数卵生，这种繁殖类型必然导致早期发育过程中出现较高的死亡率。在人工育苗过程中，仔鱼开口后应及时给予足够的生物饵料，以保证仔鱼器官形成、生长发育所需要的能量要求。仔鱼在生长发育过程中，从内源性营养转入外源性营养是鱼类发育所要克服的一大障碍。如果仔鱼在混合营养期内没有建立外源性营养关系，将忍受进展性饥饿并导致死亡。

仔鱼初次摄食期饥饿“不可逆点”（the point of no return，PNR），即初次摄食期仔鱼耐受饥饿的时间临界点，从生态学的角度测定仔鱼的耐饥饿能力。PNR 是仔鱼耐受饥饿能力的临界点，仔鱼饥饿到该点时，多数个体已体质虚弱，尽管仍可存活一段时间，但不可能再恢复摄食能力而死亡。PNR 是衡量鱼类仔鱼耐饥饿能力的重要指标，仔鱼从初次摄食到 PNR 的时间越长，建立外源性营养关系的可能性就越大；反之则越小。

早期仔鱼阶段是大泷六线鱼人工育苗的关键时期，仔鱼开口摄食之前，依靠卵黄和油球贮存的营养物质和能量维持正常的活动水平，用以搜索并摄取饵料。如果仔鱼在完全消耗了卵黄和油球后仍不能获取外源性营养，则开始消耗本身组织以满足其基础代谢耗能，生长就会受到抑制，器官发育缓慢至萎缩，甚至出现负增长。我们在水温 16.0℃的条件下，就饥饿对大泷六线鱼卵黄囊、油球吸收和仔鱼的生长影响进行了研究，计算了仔鱼初次摄食期的 PNR，丰富了大泷六线鱼早期发育阶段的生物学基础资料。

一、饥饿对仔鱼卵黄囊、油球吸收的影响

大泷六线鱼仔鱼孵化后，将500尾初孵仔鱼放置在规格为47 cm×33 cm×24 cm的实验水槽内，观察仔鱼卵黄囊、油球的吸收。根据温度对大泷六线鱼受精卵孵化影响的实验结果，实验水温保持在16.0℃，此温度条件下孵化率最高，畸形率最低；微量充气，每天换等温海水，换水量为全量的1/2；不投饵，直至全部死亡。实验用水为经沉淀、砂滤的自然海水，并经过紫外线杀菌，水中无生物饵料，盐度31。正常摄食实验组为对照组，投喂小球藻和褶皱臂尾轮虫。

每天分别取饥饿仔鱼和正常摄食仔鱼20尾，置显微镜下观察比较饥饿仔鱼和正常摄食仔鱼的生长情况，用显微图像采集处理系统测量卵黄囊长径和短径、油球直径以及仔鱼的全长，并计算卵黄囊和油球体积。

$$V_{\mathrm{L}}=\frac{4}{3}\cdot\pi\cdot\left(\frac{r}{2}\right)^{2}\cdot\frac{R}{2}$$

式中，V_{L}为卵黄囊体积，r为卵黄囊短径，R为卵黄囊长径。

$$V_{\mathrm{Y}}=\frac{4}{3}\cdot\pi\cdot\left(\frac{R}{2}\right)^{3}$$

式中，V_{Y}为油球体积，R为油球直径。

大泷六线鱼初孵仔鱼体长（6.18±0.25）mm，卵黄囊长径（1.87±0.09）mm，膨大成梨形，卵黄囊短径（1.32±0.06）mm，卵黄囊体积为（1.705 2±0.027 54）mm^3。仔鱼出膜后很快展直身体，侧卧水底，活力较弱，1 h后开始间歇性运动，并上浮到水面。实验表明，1日龄仔鱼卵黄消耗最大，体积减小为初孵时的50.41%。2日龄仔鱼卵黄消耗速率相对减慢，体积减为初孵仔鱼的25.14%。摄食组仔鱼5日龄时残存极少量卵黄，6日龄时就完全吸收，饥饿组仔鱼卵黄的吸收速率慢于摄食仔鱼，在第7天才完全被吸收（表4–10，图4–5）。饥饿仔鱼和摄食仔鱼卵黄的吸收消耗速率差异显著（$P<0.05$）。

表 4–10　大泷六线鱼仔鱼对卵黄的吸收

日龄（d）	摄食组仔鱼			饥饿组仔鱼		
	卵黄囊长径（mm）	卵黄囊短径（mm）	卵黄囊体积（mm^3）	卵黄囊长径（mm）	卵黄囊短径（mm）	卵黄囊体积（mm^3）
0	1.87 ± 0.09	1.32 ± 0.06	1.705 2 ± 0.027 5[a]	1.87 ± 0.09	1.32 ± 0.06	1.705 2 ± 0.027 5[a]
1	1.79 ± 0.06	0.92 ± 0.07	0.792 9 ± 0.008 0[g]	1.82 ± 0.03	0.95 ± 0.02	0.859 6 ± 0.011 6[b]
2	1.49 ± 0.04	0.68 ± 0.02	0.360 6 ± 0.002 1[h]	1.58 ± 0.02	0.72 ± 0.04	0.428 7 ± 0.012 4[c]
3	1.32 ± 0.03	0.46 ± 0.03	0.146 2 ± 0.007 1[i]	1.44 ± 0.05	0.55 ± 0.03	0.228 0 ± 0.015 6[d]
4	0.84 ± 0.05	0.37 ± 0.02	0.060 2 ± 0.001 1[j]	0.93 ± 0.04	0.44 ± 0.01	0.095 6 ± 0.001 7[e]
5	0.32 ± 0.04	0.16 ± 0.01	0.004 3 ± 0.000 2[f]	0.52 ± 0.06	0.22 ± 0.02	0.013 2 ± 0.001 7[f]
6	—	—	—	0.28 ± 0.01	0.14 ± 0.01	0.002 9 ± 0.000 2[f]
7	—	—	—	—	—	—

注：同一栏中不同上标字母表示存在显著性差异（$P < 0.05$），下同；“—”表示完全吸收，下同。

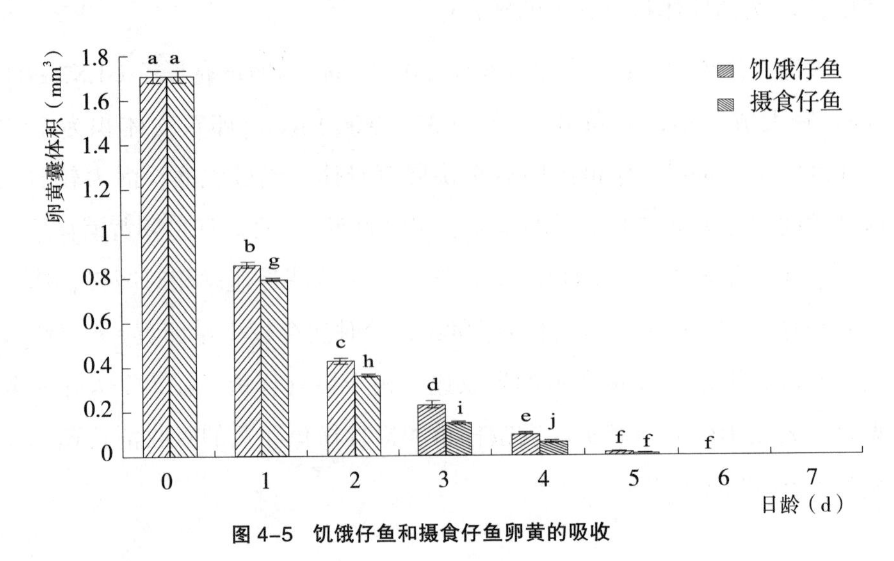

图 4–5　饥饿仔鱼和摄食仔鱼卵黄的吸收

大泷六线鱼初孵仔鱼油球径(0.47±0.02)mm，油球体积为(0.054 3±0.000 5)mm^3。油球呈鲜黄色，1个（极少数2~5个），位于卵黄囊前端下缘。1日龄仔鱼油球体积减小为初孵时的76.61%(图4-6)。两组仔鱼油球的消耗速率在2日龄前差异不显著($P>0.05$)，3日龄仔鱼开口后差异显著($P<0.05$)。

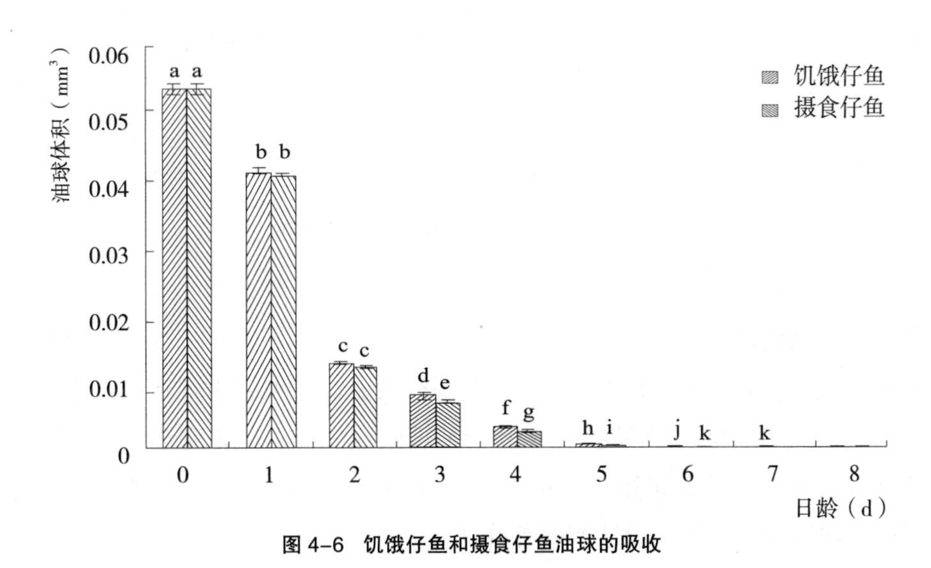

图4-6 饥饿仔鱼和摄食仔鱼油球的吸收

二、仔鱼的初次摄食率及饥饿不可逆点

大泷六线鱼仔鱼开始摄食后，每天取20尾仔鱼，放入1 000 mL烧杯中，微充气，烧杯放置于恒温16.0℃的水浴槽中，投喂经小球藻强化的褶皱臂尾轮虫，轮虫密度8~10个/毫升。4 h后将仔鱼取出，用5%福尔马林固定，用解剖镜逐尾检查大泷六线鱼仔鱼的摄食情况，并计算初次摄食率。

初次摄食率=(肠管内含有轮虫的仔鱼尾数/总测定仔鱼尾数)×100%。

每日测定饥饿实验组大泷六线鱼仔鱼的初次摄食率，当所测定的饥饿组仔鱼的初次摄食率低于最高初次摄食率的一半时，即为PNR的时间。结果表明：3日龄仔鱼开口后的初次摄食率为（15±2）%；6日龄时达到最大为（65±3）%，此时卵黄仅有少量残痕；9日龄时初次摄食率低于最高初次摄食率的1/2，大泷六线鱼仔鱼PNR出现在8日龄和9日龄之间(图4-7)。

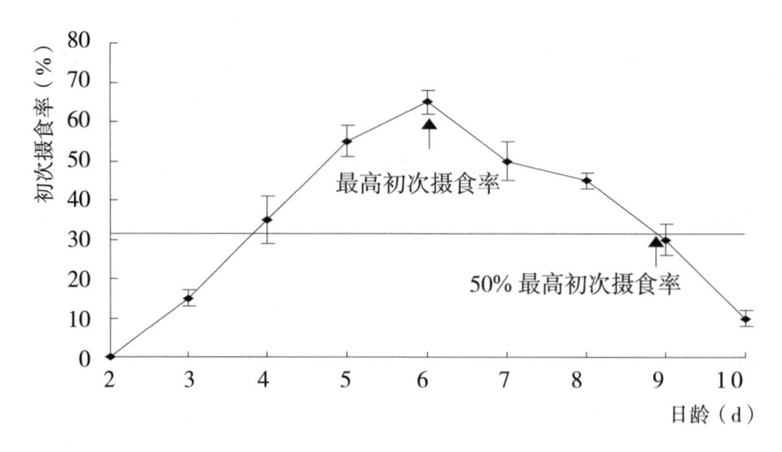

图 4-7 大泷六线鱼饥饿仔鱼的初次摄食率

少数 3 日龄仔鱼上、下颌可启动开口，即可摄食轮虫和小球藻，过渡到混合营养期阶段，初次摄食率仅为 15%。仔鱼刚开口时以偶然碰撞的方式来摄取饵料。6 日龄仔鱼初次摄食率达到最大值即 65%，出现在卵黄耗尽的前一天；7 日龄卵黄全部耗尽；8 日龄油球吸收完毕，仔鱼完全依靠摄取外源性营养生存。随着饥饿时间的延长，幼体的生长速度变慢，各个器官的形成受到影响，幼体的存活率显著降低。

鱼类的初次摄食时间与其种类、卵黄囊的大小、培育的水温及开口饵料的种类等有关。PNR 是衡量鱼类仔鱼耐饥饿能力的常用指标，抵达 PNR 时间越长，表明耐饥饿能力强；反之，则耐饥饿能力越弱。影响 PNR 的因素有内源因子，如受精卵的质量及仔鱼的游泳能力等；也有外源因子，如投饵密度及培育温度等。目前关于仔鱼初次摄食率及 PNR 的研究往往忽视内源因子的影响，这显然是不全面的。为了比较不同鱼类 PNR 时具有更加合理的标准，在研究 PNR 时采用有效积温概念。

PNR 有效积温的计算公式为：

PNR 有效积温 = PNR 时间（d）× 实验平均水温（℃）

经计算得出大泷六线鱼的 PNR 有效积温为 144℃·d。多数鱼类仔鱼 PNR 有效积温多在（100~250）℃·d，大泷六线鱼的有效积温处于相对中间偏下的位置，再次证明大泷六线鱼仔鱼耐受饥饿和建立外源性营养的能力相对较弱，这可能与仔鱼个体及卵黄囊体积较小有关，是其在长期进化过程中形成的一种对饵料环境的适应性策略。

温度是影响仔鱼耐饥饿能力的重要因素。温度高时，仔鱼的发育加快，对内源性营养的消耗加快，从而导致外源性营养阶段的提前，最终结果是PNR时间的提前。实验结果表明，水温16.0℃下，大泷六线鱼仔鱼混合营养期为5~6d，饥饿不可逆点出现在8~9日龄。PNR时间一是与水温有关，二是与大泷六线鱼亲鱼有关，亲鱼培育过程中的积温及所产卵的营养成分等也直接影响到PNR。不同地区的种群遗传差异性是不同的，不同的种、同种不同种群，其PNR点也存在差异。

三、饥饿对仔鱼生长的影响

饥饿对仔鱼生长的影响研究表明，3日龄开口前饥饿仔鱼和摄食仔鱼的生长无差异。从3日龄开始，生长速率开始出现分化，摄食仔鱼的全长保持线性增加，体全长（L）与日龄（d）符合线性关系式：$L=0.3403d+6.2532$（$R^2=0.9904$）。而饥饿仔鱼的生长呈现先升高后降低的趋势，拐点出现在第8日，全长与日龄符合关系式$L=-0.0313d^2+0.4742d$（$R^2=0.9886$）。到10日龄时，饥饿仔鱼全长为（7.73±0.07）mm，而摄食仔鱼全长却增加至（9.70±0.12）mm（图4–8）。

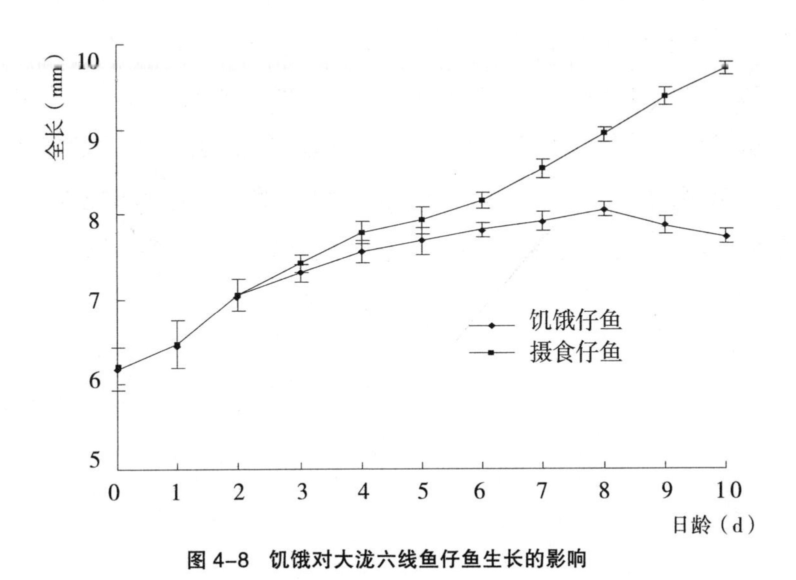

图4–8　饥饿对大泷六线鱼仔鱼生长的影响

硬骨鱼类仔鱼的生长可划分成3个时期：初孵时的快速生长期，卵黄囊消失前后的慢速生长期及外源摄食后的稳定生长期（若不能建立外源摄食，则为负生长期）。大泷六线鱼仔鱼生长与之基本相符合。仔鱼开口前无向外界摄食的能力，卵黄营养足够维持其生存需要的代谢耗能，因此开口前仔鱼的生长无差异。从3日龄开始，摄食仔鱼的全长保持线性生长，生长速率为0.27 mm/d，但饥饿仔鱼从3日龄开始至8日龄，由于未获得外源性营养的支持而只靠自身营养物质的消耗来维持生长所需能量，生长速度相对缓慢，生长速率为0.12 mm/d。8日龄以后，饥饿仔鱼没有及时建立外源性营养，生长受到明显抑制，全长生长出现负生长，这是骨骼系统尚未发育的仔鱼为保障活动耗能，提高摄食存活机会的一种适应现象。

四、仔鱼最适初次投饵时间

成活率是衡量鱼类苗种繁育工作成功与否的重要指标，而饥饿一直被认为是引起早期仔鱼大量死亡的主要原因之一。由于受到饥饿胁迫，饥饿组大泷六线鱼仔鱼在其内源性营养消耗完毕后，死亡率大大增高。大泷六线鱼仔鱼PNR出现在8日龄和9日龄之间，开口后能够及时获得饵料对仔鱼的成活意义重大，这也指出在育苗生产中要尽量争取仔鱼的开口摄食时间，尽早建立外源性营养的摄入，获得较高的开口率是保证苗种成活率的重要途径。结合PNR和混合营养期时间，研究表明：在水温16.0℃条件下，大泷六线鱼仔鱼最适初次投饵时间为3～4日龄，此时间段开始投喂轮虫比较容易获得较高的开口率。在人工育苗过程中，此阶段应及时投喂和补充相应的生物饵料，保证仔鱼正常摄食促进生长发育，提高育苗成活率。

第五节　早期营养消化生理特性

鱼类消化酶是消化腺细胞和消化器官分泌的酶类，是反映鱼类消化能力强弱的一项重要指标，其活力大小会受到多种因素的影响，直接影响鱼类对营养物质的消化吸收，从而影响鱼类的生长发育过程。鱼类摄入食物中的蛋白质、脂肪和糖类等大分子物质是鱼类生长发育过程中必需的营养物质，必须经消化酶作用分解成可被吸收的小分子物质，由循环系统运输至组织细胞，从而获得物质和能量以维持其生长发育和繁殖等生命活动。随着水产养殖业和鱼类营养学的发展，鱼类消化酶的研究日益受到重视，有关学者对鱼类在仔、稚、幼鱼期的消化酶活力进行研究。这不仅对深入了解鱼类的生长发育、摄食、消化等生理功能具有重要意义，也对鱼类早期发育过程中大量死亡原因的探索、苗种培育等具有重要意义。

鱼类的消化酶种类有很多，消化酶在不同器官中的分布也不相同，而在鱼类生长发育过程中的不同阶段同一种消化酶的活性也会有所差别。在鱼类早期个体发育过程中，从内源性营养转变为外源性营养是一个非常关键的时期，尤其是消化道在这一时期将发生急剧的变化，由直的、管状的简单结构发育为具有功能分区的复杂结构，不同于其他器官的逐次发育。随着机体消化器官的逐渐发育和完善，其分泌功能不断增强，其消化酶活力也会随之产生变化。鱼类主要通过酶来消化食物，在多种消化酶的催化作用下鱼类才能消化所摄取的食物，鱼类主要的消化酶有胃蛋白酶、胰蛋白酶、淀粉酶、脂肪酶。

为了在大泷六线鱼人工育苗过程中及时把握饵料的选择和投喂最佳时机，保证早期发育阶段较高的成活率，我们对大泷六线鱼仔、稚、幼鱼期（0 ~100 d）主要几种消化酶活性的变化进行了研究，分析仔、稚、幼鱼消化机能的特异性对饵料转换的适应能力，为仔、稚、幼鱼期营养调节和人工养殖中饵料的配制、优化提供理论依据。

一、大泷六线鱼仔、稚、幼鱼期胃蛋白酶活力的变化

从1日龄仔鱼开始取样，刚孵出的仔鱼个体较小无法单独取出各种组织，同时为了保证实验的一致性，整个实验过程均采用整体取样的方法，取样时间分别为0 d，5 d，10 d，15 d，20 d，30 d，40 d，50 d，60 d，70 d，80 d，90 d，100 d。为尽量消除实验误差，每个取样时间所取样品均设置三个平行组。每天清晨饲喂前从培育温度为16℃的养殖池中随机捞出实验用鱼，每个时期大致取样量为0 ~ 20 d（500 ~ 600尾），30 ~ 50 d（300 ~ 400尾），60 ~ 80 d（100 ~ 200尾），90 ~ 100d（50 ~ 100尾）。将取出的鱼用纱布滤过放在吸水纸上吸干其体表水分，然后将鱼迅速放入用液氮预冷的研钵中，加入液氮整体研磨。每管称取200 mg粉末于5 mL离心管中，置于 -80℃冰箱中保存备用。取上述离心管，每管分别加入2 mL预冷的生理盐水进行匀浆，匀浆液于4℃下离心30 min（5 000 r / min），取上清液即粗酶提取液进行酶活力的测定。样品及试剂在实验前提前从冰箱中取出，均要平衡至室温条件下，消化酶活力的测定方法均按照试剂盒中的方法进行。

在测定管和测定空白管中各加入0.04 mL样本，在37℃水浴中放置2 min；向测定空白管中加入0.4 mL试剂一；分别向测定管和测定空白管中加入0.2 mL试剂二，充分混匀后在37℃水浴中放置10 min；再向测定管中加入0.4 mL试剂一，充分混匀后在37℃水浴中放置10 min，3500 r/min离心10 min，取上清液进行显色反应；标准管中加入0.3 mL 50 μg/mL标准应用液，标准空白管中加入0.3 mL标准品稀释液，测定管和测定空白管中分别加入0.3 mL上清液；向上述各管中加入1.5 mL试剂三和0.3 mL试剂四；充分混匀后在37℃水浴中放置20 min，于660 nm处比色。

胃蛋白酶活力计算公式：

$$胃蛋白酶活力（U/mg）= \frac{测定管OD值 - 测定空白OD值}{标准管OD值 - 标准空白管OD值} \times 50\ \mu g/mL$$

$$\div 10\ \text{min} \times \frac{\text{反应液总体积（0.64 mL）}}{\text{取样量（0.04 mL）}} \div \text{样本中蛋白浓度}$$

注：U 为酶活力的度量单位，1 个酶活力单位是指在特定条件（25℃，其他为最适条件）下，在 1min 内能转化 1μmol 底物的酶量，或是转化底物中 1μmol 有关基团的酶量。

胃蛋白酶是胃液中最重要的消化酶，以酶原的形式分泌，在胃内酸性环境下，经自身催化作用脱下 N- 端的 42 个氨基酸肽段，被激活成为胃蛋白酶。胃蛋白酶是一种肽链内切酶，能催化酸性氨基酸和芳香族氨基酸所构成的肽键断裂，将大分子的蛋白质逐步变成较小分子的可溶性球蛋白、蛋白胨和蛋白胨等。鱼的胃蛋白酶能水解多种蛋白质，但不能水解黏蛋白、海绵硬蛋白、贝壳硬蛋白、角蛋白或相对分子质量小的肽类等。

研究表明，随着大泷六线鱼的生长发育，胃蛋白酶活力呈现逐渐增加的趋势。大泷六线鱼在 0 ~ 30 d 的仔鱼期内消化酶活力逐渐上升，于 20 d 时达到最大值，并显著高于 0 d、5 d 天时的活力值（$P<0.05$）。40 d 后大泷六线鱼的消化酶活力逐渐升高，于 100 d 时达到峰值并显著高于仔鱼期（$P<0.05$）（图 4–9）。

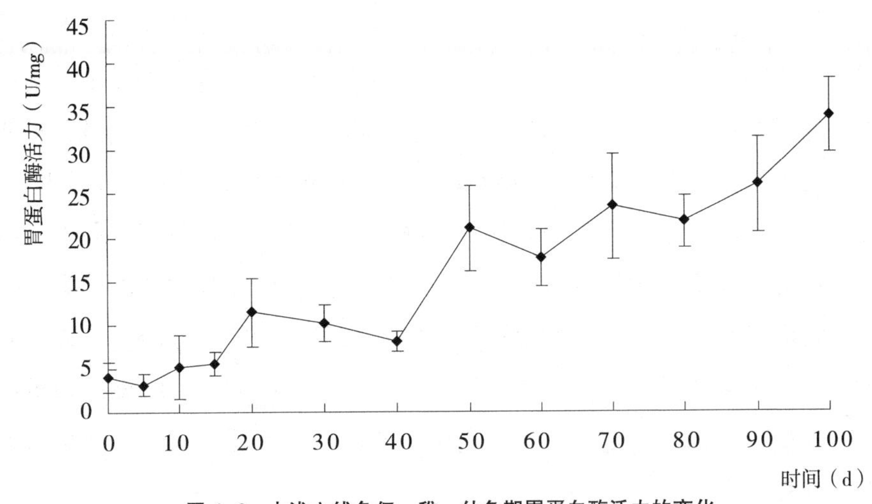

图 4–9 大泷六线鱼仔、稚、幼鱼期胃蛋白酶活力的变化

在有胃鱼类中，胃蛋白酶的消化活性最强，它先是以无活性的酶原颗粒的形式贮存在细胞中，在盐酸或相关的已具有活性的蛋白酶的作用下才转变为具有活性的胃蛋白酶。在发育早期，胃在形态和功能上并没有发育成熟，一开始并不具备分泌酸性物质和胃蛋白酶的功能，但饵料中也含有一些外源消化酶可以在鱼类发育早期起到辅助消化的作用。随着鱼苗的不断生长发育和胃功能的完善，其逐渐开始分泌有活性的胃蛋白酶。仔鱼胃的分化对其营养生理具有重要的影响，其功能的完善可以提高蛋白质的消化效率。对真鲷仔鱼早期生长发育阶段胃蛋白酶活性的研究发现，真鲷仔鱼从开口到 23 d 内，其胃蛋白酶活性都处于一个较低的水平。此时的仔鱼死亡率较高，在进入稚鱼期以后，胃腺逐渐形成，胃蛋白酶活性增大，死亡率下降，生长加快[9]。这与本研究结果类似。

在大泷六线鱼鱼苗培育过程中，5 d 开始投喂轮虫，10 d 开始投喂卤虫无节幼体，轮虫和卤虫等饵料中的蛋白质含量丰富，这时体内胃蛋白酶的活力虽然不高，但体内的丝氨酸蛋白酶等酶类同样可以消化蛋白质。在 10 d 左右时，仔鱼的卵黄囊吸收完毕并开始摄食建立外源性营养，胃蛋白酶活力开始有增大的趋势，且随着鱼体的生长发育，其胃功能不断完善，酸性的胃蛋白酶分泌量增多。40 d 后胃蛋白酶的活力开始显著增大，并且在 50 d 时开始投喂配合饲料。在饵料转换的这个阶段，胃蛋白酶活力有一个显著增大的过程。这可能是因为随着鱼体的生长，饵料摄入量逐渐增大，同时也可能因为饵料中蛋白质含量丰富，能够刺激大泷六线鱼胃蛋白酶基因大量表达，分泌更多的胃蛋白酶来进行消化作用，将分解的物质供自身充分利用。由此可以推测，大泷六线鱼胃蛋白酶活力不仅与鱼类的生长发育阶段有关，且与投喂的饵料有关，依据这个结果可以在鱼苗早期的生长阶段，卵黄囊还未完全吸收完毕时，可进行适当的混合投喂。考虑到这一时期的胃蛋白酶活力较低，可用水解蛋白作为蛋白源或者在饲料中适当添加一些酶添加剂来进行投喂。

二、大泷六线鱼仔、稚、幼鱼期胰蛋白酶活力的变化

样品酶液体制备好后，分别向空白管和测定管中加入 1.5 mL 胰蛋白酶底物应用液，于 37℃水浴中预温 5 min；向测定管中加入 0.015 mL 样本，向空白管中加入 0.015 mL 样本匀浆介质；加入上述样本的同时开始计时，充分混匀后于 253 nm 处记下 30 s 时的吸光度 OD 值 A_1；将上一步中的反应液放入 37℃水浴锅中准确水浴 20 min，于 20 ' 30 " 时记录吸光度 OD 值 A_2。

胰蛋白酶活力的计算公式：

$$\text{胰蛋白酶活力（U/mg）}=\frac{\text{测定}(A_2-A_1)-\text{空白}(A_2-A_1)}{20\ \text{min}\times 0.003}\times\frac{\text{反应总体积}(1.5+0.015)}{\text{样本取样量}(0.015)}\div\text{样本中蛋白浓度}\times\text{样本取样量}$$

胰蛋白酶存在于鱼类肝胰腺、肠道和幽门盲囊中，属于丝氨酸蛋白酶家族，是与成鱼食物营养转化和吸收直接相关的主要消化酶，因此其活力高低对调控鱼体的生长速率过程具有重要作用。作为一种肽链内切酶，胰蛋白酶对由碱性氨基酸（精氨酸、赖氨酸）的羧基与其他氨基酸的氨基所形成的肽键具有高度的专一性。胰蛋白酶还是所有胰酶的激活剂，通过水解其他酶原氨基末端的短肽而将胰脏分泌的蛋白酶原（胰凝乳蛋白酶原、羧肽酶原、弹性蛋白酶原）激活。

研究表明，大泷六线鱼在 0～30 d 仔鱼期内的胰蛋白酶活力整体呈现逐渐上升的趋势，并于 20 d 时达到峰值且显著高于 0 d、5 d 时的活力值（$P<0.05$）。随着大泷六线鱼的生长发育，40 d 后胰蛋白酶活力逐渐升高，并于 60 d 时达到最大值且显著高于仔鱼期时的活力值（$P<0.05$）（图 4-10）。

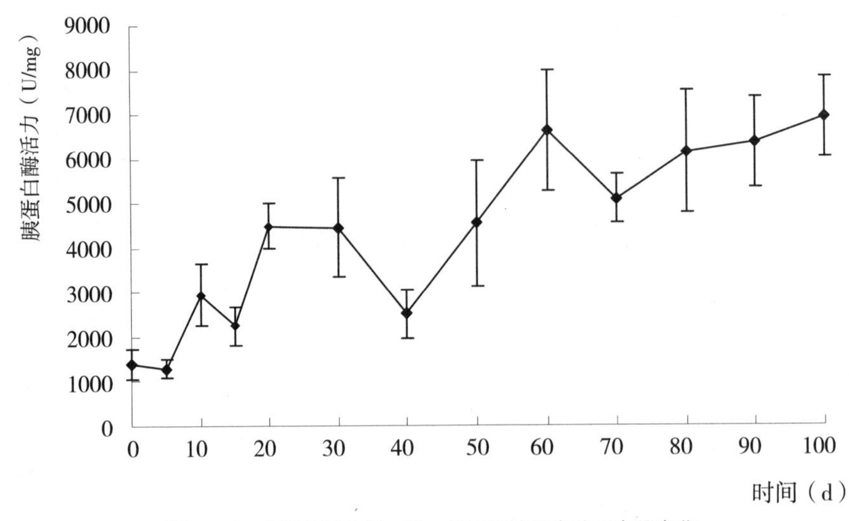

图 4-10　大泷六线鱼仔、稚、幼鱼期胰蛋白酶活力的变化

在鱼类的早期发育阶段，蛋白质的消化主要靠碱性蛋白酶完成。胰脏是鱼类分泌蛋白酶的主要器官，胰蛋白酶属于碱性蛋白酶，它需要经过肠致活酶激活才能成为有活性的蛋白酶，而鱼类的肠黏膜可以分泌有活性的蛋白酶和肠致活酶。此外，肝胰脏和幽门垂等器官分泌的胰蛋白酶可以进入肠内。

胰蛋白酶在大泷六线鱼生长发育的早期即检测出活力，大泷六线鱼仔鱼在 5～10 d 时胰蛋白酶活性有所增大，在这一时期主要吸收自身卵黄囊中的营养。相对整个时期来说，这一时期的胰蛋白酶活力不算太高，对蛋白质的消化能力还较弱，主要依靠仔鱼肠黏膜上皮细胞的胞饮作用进行胞内消化。在 10 d 时，仔鱼的卵黄囊逐渐吸收完毕开始建立外源性营养，在这一时期仔鱼会有一个短暂的饥饿期，所以在这几天胰蛋白酶活性有短暂降低。随之仔鱼开始摄食饵料，胰蛋白酶活性开始增大，30 d 时又有所下降，从 40 d 开始，胰蛋白酶的活力开始增大，并于 60 d 时达到最大值后逐渐趋于稳定。从这可以看出在饵料转换的关键时期，大泷六线鱼的胰蛋白酶活性总是先下降后增大，有一个适应的过程，但从整个结果来看，胰蛋白酶的活性逐渐增大，饵料的消化效率也随之提高。

大部分研究结果表明，随着鱼类的胃功能逐渐发育完善，蛋白质的消化主要依赖于胃的酸性消化，碱性蛋白酶的作用将逐渐降低。然而从本实验结果可以看出，随着日龄的增大，胰蛋白酶活性整体呈现逐渐增大的趋势。在对厚颌鲂仔稚鱼消化酶活性变化的研究发现，其胰蛋白酶比活力从15 d龄开始便急速下降，之后便维持在较低水平[10]，这与本实验的研究结果不一致，但与匙吻鲟仔稚鱼发育过程中胰蛋白酶活性的变化的研究结果一致[11]。由此推测，在不同种类的鱼类发育过程中，其某种消化酶的活性的变化并不是完全一致的，这与鱼类的食性、养殖温度、盐度、pH、投喂饵料种类等都有关系，大泷六线鱼的胃功能逐渐发育完善后，碱性蛋白酶在蛋白质的消化过程中仍然发挥着重要的作用。

三、大泷六线鱼仔、稚、幼鱼期淀粉酶活力的变化

样品酶液体制备好后，将底物缓冲液于37℃水浴锅中预温5 min；向测定管和空白管中各加入0.5 mL已预温的底物缓冲液；向测定管中加入待测样本0.1 mL，混匀后于37℃水浴中放置7.5 min；向测定管和空白管中各加入碘应用液0.5 mL和蒸馏水3.1 mL；充分混匀后于660 nm处测各管的吸光度。

淀粉酶活力计算公式：

$$\text{淀粉酶活力（U/mg）}=\frac{\text{空白管吸光度}-\text{测定管吸光度}}{\text{空白管吸光度}}\times\frac{0.4\times 0.5}{10}\times\frac{30\ \text{min}}{7.5\ \text{min}}\div(\text{取样量}\times\text{待测样本蛋白浓度})$$

鱼类淀粉酶是一种碳水化合物水解酶。肝胰脏是淀粉酶的主要生成器官，其分泌机能的强弱直接影响鱼类对食物的消化能力。不同食性的鱼类其淀粉酶活性不同，通常的顺序为：草食性鱼类>杂食性鱼类>肉食性鱼类。淀粉酶的活性会随着不同消化器官或同一消化器官的不同部位会有所差异，这可能与其机体组织的生理功能有关。淀粉酶活性在鱼类的不同生长阶段会有差异，随着年龄的增加，其酶活力也发生改变。鱼类淀粉酶主要由胰腺分泌并进入肠道中，食物中的淀粉首先被淀粉酶分解成麦芽糖后，麦芽

糖在麦芽糖酶的作用下被消化成葡萄糖等单糖后，才被吸收。

研究表明，大泷六线鱼在 0 ~ 30 d 仔鱼期内的淀粉酶活力逐渐升高，并于 20 d 时达到最大值且显著高于 0 d、5 d 时的活力值（$P < 0.05$）。30 d 后淀粉酶活力突然下降并呈现较平稳的变化，于 50 d 时达到峰值但显著小于仔鱼期时的活力值（$P < 0.05$）（图 4-11）。

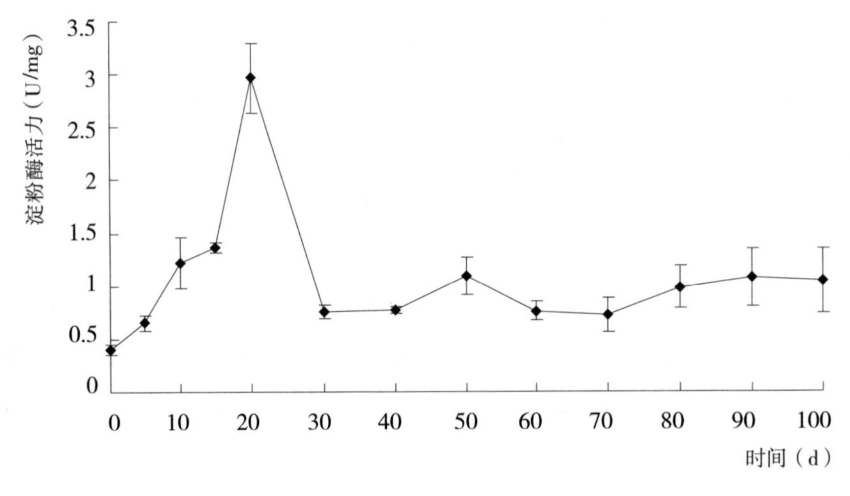

图 4-11　大泷六线鱼仔、稚、幼鱼期淀粉酶活力的变化

鱼类发育的不同时期其淀粉酶活性也存在差异，许多海水鱼类在仔稚鱼时期其淀粉酶的活力能维持在一个较高的水平。随着鱼类的进一步生长发育，其淀粉酶比活力会随之降低。大泷六线鱼是典型的肉食性鱼类，在其内源性营养阶段，体内的淀粉酶具有较高的活性。随着生长发育，在开口摄食以后，其活力逐渐下降且趋于稳定，这一变化模式与肉食性鱼类的变化模式类似。仔鱼在生长发育早期具有较高的淀粉酶活性这一特征在鱼类中具有普遍性，这与卵黄囊中含有较多的糖原有较大的关系。在仔鱼的个体发育过程中，其 α－淀粉酶活力的变化与投喂食物中碳水化合物的含量有关，高水平糖原含量能刺激淀粉酶的合成和分泌，而配合饲料中糖原含量水平较低则会降低淀粉酶活力。大泷六线鱼在 20 d 时淀粉酶活性达到峰值，50 d 投喂配合饲料后淀粉酶活性稍有下降后逐渐趋于稳定，说明淀粉酶活性不仅与鱼类的生长发育有关，且与饵料的成分也有一定的关系。

四、大泷六线鱼仔、稚、幼鱼期脂肪酶活力的变化

样品酶液体制备好后，将底物缓冲液于37℃水浴锅中预温5 min以上。向试管中依次加入25 μL组织匀浆离心后的上清液、25 μL试剂四，再加入2 mL已预温好的底物缓冲液，充分混匀，同时开始计时。30 s时于420 nm处读取吸光度OD值 A_1。将上述反应液倒回原试管中于37℃水浴10 min，于10 ' 30 " 时读取吸光度OD值 A_2，求出2次吸光度差值（$\Delta A = A_1 - A_2$）。

脂肪酶活力计算公式：

$$\text{脂肪酶活力（U/mg）} = \frac{A_1 - A_2}{A_S} \times 454\ \mu\text{mol/L} \times \frac{\text{底物液量（2 mL）+ 试剂四液量（0.025 mL）+ 样本取样量（0.025 mL）}}{\text{样本取样量（0.025 mL）}} \div 10\ \text{min} \div \text{待测匀浆液蛋白浓度}$$

脂肪酶的作用是将脂肪分解成脂肪酸和甘油，与蛋白酶和淀粉酶对化学键具有高度的专一性不同，脂肪酶对脂键的专一性较低。脂肪酶主要由胰脏分泌，通常致密型的胰脏比弥散型的分泌更多的脂肪酶。只有少数鱼类的胃、肠和胆囊能分泌脂肪酶。

研究表明，大泷六线鱼的脂肪酶活力随着鱼体的生长发育相对其他消化酶变化不显著（$P > 0.05$）。在0~30 d的仔鱼期内，脂肪酶活力分别于5 d、10 d达到最小值和最大值。40 d后脂肪酶活力逐渐升高，但与30 d时相比差异不显著（$P > 0.05$）（图4–12）。

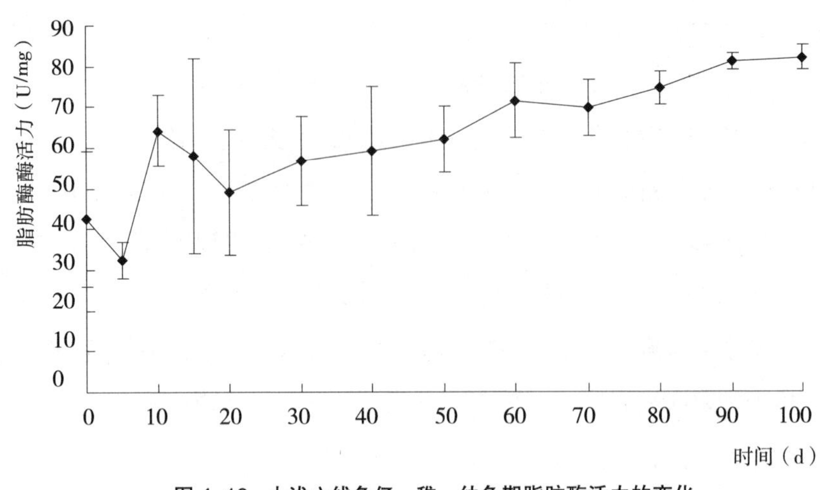

图 4-12　大泷六线鱼仔、稚、幼鱼期脂肪酶活力的变化

在鱼类所有的消化器官中几乎都存在脂肪酶，且其活性的大小与鱼类摄食的食物中脂肪的含量呈正相关。从结果可以看出，与另外三种消化酶一样，从大泷六线鱼初孵仔鱼就能检测到脂肪酶的活性，这在许多鱼类的研究中也得到了类似的结果。在大泷六线鱼的内源性营养阶段，脂肪酶具有较高的活性。鱼类发育早期仔鱼体内存在两种类型的脂肪酶，一种是磷脂酶 A_2，其活性可被磷脂激活，而仔鱼的卵黄囊中磷脂含量丰富，这使大泷六线鱼在卵黄囊期就能检测出脂肪酶活性；另一种是脂酶，它能够被三酸甘油酯激活，其活性与外源饲料中脂肪的含量有着很大的关系，在仔鱼开口摄食转为外源性营养后，所检测到的脂肪酶活性可能是脂酶的活性。随着大泷六线鱼的生长发育，脂肪酶活性逐渐增大，这样反映出跟着大泷六线鱼胰腺的发育，脂肪代谢系统逐渐完善并对食物中脂肪消化能力增强。因此可根据脂肪酶活性的变化来考虑饲料中合理添加脂肪，保持营养均衡，促进鱼苗生长。

第六节 常用麻醉剂对幼鱼的影响

麻醉是通过使用外用试剂或其他方法抑制神经系统，导致动物失去知觉的一种状态。麻醉剂在水产养殖中已经得到广泛的应用，生产实践中经常使用特定麻醉剂对养殖个体起到麻醉镇静作用。对鱼类使用麻醉剂的主要目的是使鱼体保持安静，降低人工采精、采卵、采血、标记等操作时的应激反应，使操作顺利进行，具有非常好的应用效果。在运输过程中，使用麻醉剂能够降低鱼体新陈代谢，降低耗氧量，减少 CO_2 和氨气的排放量，防止水质污染。此外，还可以控制鱼的过度活动，防止鱼在容器中激烈活动而造成伤害，减少死亡，提高运输存活率。麻醉剂也被应用于鱼苗分选及疫苗接种等方面，降低这些过程中鱼体的应激反应。

麻醉剂的作用原理为首先抑制脑的皮质（触觉丧失期），再作用于基底神经节与小脑（兴奋期），最后作用于脊髓（麻醉期）。过大剂量或过长时间的接触可深及髓质，使呼吸与血管舒缩中枢麻痹，最终会导致死亡。麻醉剂的选择取决于很多因素，大多数麻醉剂的功效受到鱼的品种、鱼体大小、鱼群密度，还有水质（pH、溶氧、温度或盐度）等因素的影响，所以先用少量的鱼初测麻醉剂的剂量和麻醉时间是必要的。每一种麻醉剂的使用方法都有其严格的规定，选择的麻醉剂对鱼和操作者都不能有毒，它应该可以被生物降解，而不应该在生理上、免疫上或行为上对鱼的生存或以后的测量产生持续的影响。

目前可用于鱼类麻醉的麻醉剂种类很多，其中丁香酚、MS-222 等在国内外的应用较多。丁香酚是丁香油的有效成分，是一种纯天然物质，具有麻醉作用。经美国 FDA 批准，丁香酚可用于食用鱼的麻醉。由于高效、安全、价格低廉等特点，不会诱发机体产生有毒及突变物质而被广泛应用于人工采卵、活鱼运输及手术等养殖过程和科学试验中。MS-222 是另一种经过 FDA 认可的优良鱼用镇静剂，可用于鱼虾类的麻醉运输，具有使鱼体入麻时间快且复苏时间短的特点。

大泷六线鱼喜安静易受惊吓，应急反应剧烈，在人工采集精卵、倒池分苗、运输等过程中，鱼体容易因人为操作受惊导致受伤，而合理使用鱼类可用的麻醉剂能够降低鱼体受惊产生的应激反应，最大程度减少鱼体的伤害，从而提高成活率和经济效益。我们研究团队在生产实践过程中，分别使用丁香酚和 MS-222 两种水产常用麻醉剂对大泷六线鱼的幼鱼进行了试验，探讨了丁香油和 MS-222 对大泷六线鱼幼鱼的麻醉效果，以期为大泷六线鱼幼鱼的保活运输提供技术支撑，同时筛选出合适的麻醉浓度，为开展大泷六线鱼人工增殖放流提供科学依据。

试验幼鱼平均体长（18.2 ± 3.4）cm，平均体重（83.3 ± 7.8）g，体色正常，健康活泼。试验开始前幼鱼在自然海水中暂养 7 d，水温（15 ± 0.5）℃，盐度 31，pH 7.9~8.1，DO ＞ 6 mg/L，连续充气，每日换水 2 次，日换水量为 1/2，并投喂海水鱼专用配合饲料。试验用丁香油麻醉剂含量（以丁香酚计）85%，MS-222 为白色粉末状，易溶于水，麻醉剂药液随用随配。试验开始前配置丁香油溶液，将丁香油溶与无水乙醇（$V_{丁香油}$ ∶ $V_{无水乙醇}$=1 ∶ 9）混合作为母液，浓度为 0.085 g/mL，试验时按所需浓度将母液稀释并充分搅匀，放置 10 min 后使用。MS-222 用分析天平准确称量，溶解于试验用水后使用。

一、不同浓度的丁香油和 MS-222 对大泷六线鱼幼鱼的麻醉效果

丁香油设置 10 mg/L，20 mg/L，30 mg/L，40 mg/L，60 mg/L，80 mg/L，100 mg/L，110 mg/L 等 8 个浓度梯度，MS-222 设置 10 mg/L，20 mg/L，30 mg/L，40 mg/L，50 mg/L，60 mg/L，70 mg/L，80 mg/L 等 8 个浓度梯度，以自然海水为对照组。每个试验组试验鱼 10 尾，每个试验组各设 3 个平行组。观察并记录大泷六线鱼幼鱼在不同浓度下的活动状态，根据其行为特征把麻醉程度分为不同的时期，随后放入干净清洁的海水中复苏，观察大泷六线鱼幼鱼在复苏过程中的活动状态和行为特征并将其分为不同的时期。

在水温（15±0.5）℃时，随着丁香油和MS-222浓度的增大，麻醉各个时期开始的时间提前，复苏的时间也相应会有所改变。在不同麻醉剂浓度下，大泷六线鱼幼鱼表现出一系列不同的行为特征（表4-11）。

表4-11 麻醉及复苏程度分期和行为特征

麻醉过程	行为特征
0期	呼吸频率正常（鳃盖振动次数和振幅恒定），能够迅速翻身恢复到正常姿态
1期	游动速度变缓，鳃盖张合频率降低，能够迅速调整鱼体保持平衡
2期	呼吸略快，触觉消失，出现无意识游动，水中将鱼体侧倾，可勉强保持身体平衡
3期	鳃盖张合频率提高，仅对强烈刺激有反应，水中将鱼体侧倾，无法恢复身体平衡状态
4期	完全失去肌肉张力，鳃盖张合频率低，水中鱼体侧倾，不挣扎
5期	鱼体仰卧静止，完全失去反应能力，鳃盖张合缓慢
6期	鳃盖张合停止，发生休克
复苏过程	行为特征
1期	鱼体水底静止，鳃盖张合频率非常低
2期	呼吸频率开始加快，但对刺激无明显反应，水中鱼体侧倾，无法恢复平衡
3期	恢复对外界刺激，呼吸频率接近正常，鱼体开始游动
4期	鳃盖张合恢复正常，将鱼体侧倾后可以迅速调整鱼体保持平衡

研究表明，当丁香油浓度在20 mg/L、30 mg/L时，鱼体在15 min左右出现麻醉状态，但并不能进入深度麻醉，而MS-222在20 mg/L、30 mg/L时，鱼体在较短的时间内就能达到2、3期麻醉状态；当两种麻醉剂浓度≥50 mg/L时，鱼体都能在3 min之内达到4期麻醉状态。丁香油浓度在50~100 mg/L和MS-222浓度在50~70 mg/L时，鱼体均可在3 min之内入麻并在4

min 之内复苏（图 4-13）。当丁香油浓度≥ 100 mg/L 和 MS-222 浓度≥ 70 mg/L 时，鱼体在麻醉液中浸浴 15 min 后部分鱼体出现休克死亡，复苏率不能达到 100%。

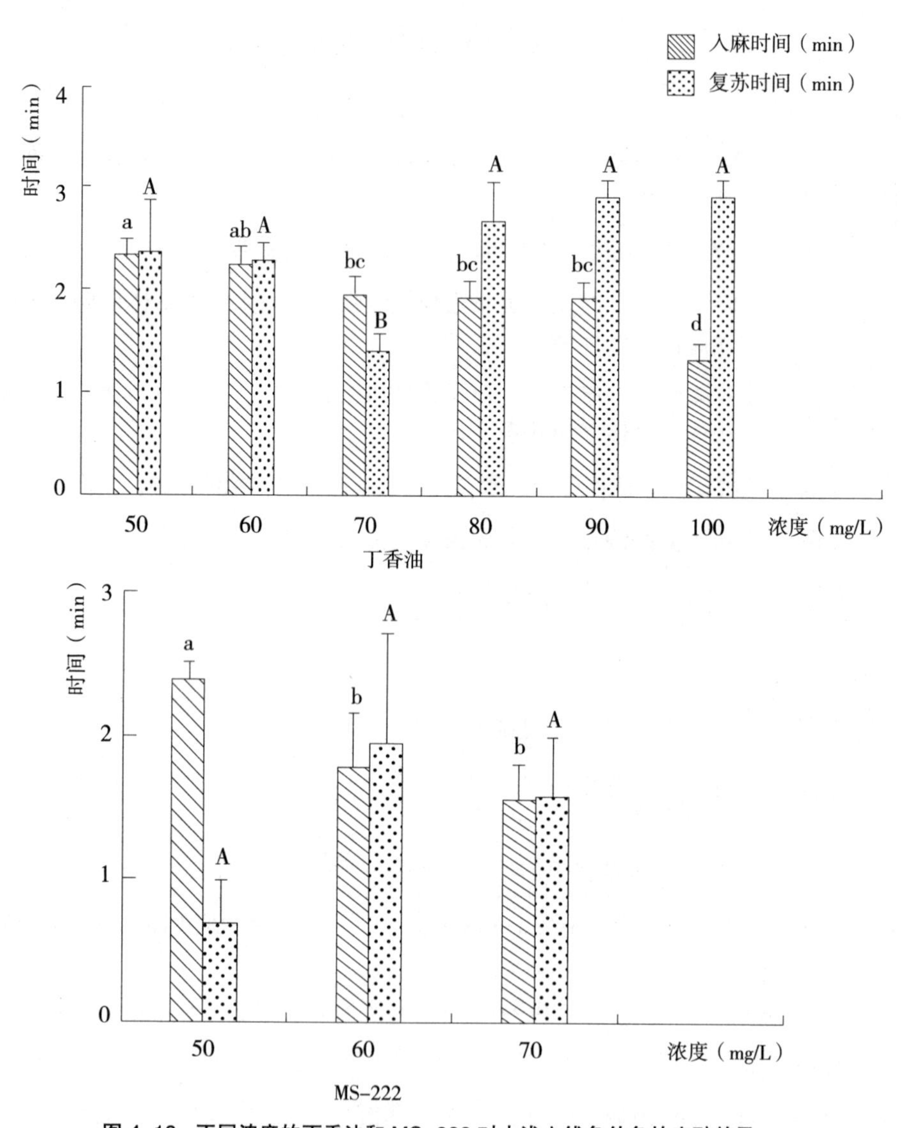

图 4-13 不同浓度的丁香油和 MS-222 对大泷六线鱼幼鱼的麻醉效果

注：同颜色柱形标有不同大（小）写字母者表示组间有显著性差异（$P<0.05$），标有相同大（小）写字母者表示组间无显著性差异（$P>0.05$）

麻醉剂的理想浓度是能够使被试动物在 3 min 之内进入麻醉状态，并在 5 min 内苏醒的浓度。根据本试验的结果，丁香油和 MS-222 均对大泷六线鱼幼鱼具有较好的麻醉效果，具有入麻快、复苏时间短、复苏率高等特点，且在适宜浓度内，随着两种麻醉剂浓度的增大，大泷六线鱼幼鱼入麻时间整体呈现逐渐缩短的趋势，而复苏时间呈现逐渐延长的趋势。

丁香油浓度在 20 mg/L、30 mg/L 时，鱼体在 15 min 左右出现麻醉状态，但只能达到麻醉 1 期，放入清水中很快就能恢复正常；而 MS-222 在 20 mg/L、30 mg/L 时，鱼体在较短的时间内就能达到 2、3 期麻醉状态。不同的麻醉剂浓度对大泷六线鱼幼鱼麻醉和复苏的时间不同，麻醉效果也跟麻醉剂浓度和麻醉时间相关。麻醉剂浓度过大或麻醉时间太长都达不到理想的麻醉效果，甚至还会导致鱼类死亡。因此，在选择用不同的麻醉剂麻醉大泷六线鱼幼鱼时，应选择适宜的浓度和麻醉时间。丁香油浓度在 50~100 mg/L 和 MS-222 浓度在 50~70 mg/L 时，鱼体均可在 3 min 内入麻，在 5 min 之内复苏，可以确定为适宜的有效麻醉浓度。

二、丁香油和 MS-222 对大泷六线鱼幼鱼呼吸频率的影响

通过测定单位时间鳃盖的张合次数，来确定大泷六线鱼幼鱼在不同麻醉剂浓度下的呼吸频率。丁香油设置 10 mg/L，20 mg/L，30 mg/L，40 mg/L，60 mg/L，80 mg/L，100 mg/L，110 mg/L 等 8 个浓度梯度，MS-222 设置 10 mg/L，20 mg/L，30 mg/L，40 mg/L，50 mg/L，60 mg/L，70 mg/L ，80 mg/L 等 8 个浓度梯度，以自然海水为对照组。每个试验组试验鱼 10 尾，每个试验组各设 3 个平行组，计算平均值作为鱼的呼吸频率。

研究表明，大泷六线鱼幼鱼在不同浓度的两种麻醉剂中的呼吸频率随着浓度的增大呈下降趋势（图 4-14）。丁香油麻醉对照组的呼吸频率在 70 ~ 76 次 /30 秒，当丁香油浓度为 10 ~ 20 mg/L 时，呼吸频率持续下降；浓度为 20 ~30 mg/L 时呼吸频率波动不大；当浓度 > 100 mg/L，鱼体出现死亡。根据麻醉分期来看，当麻醉程度为 1 期时，鱼体呼吸频率略降低，范围在 60 ~ 70 次 /30 秒；2 期呼吸频率范围在 40 ~ 64 次 / 30 秒；3 期呼吸频率范围

为 37～58 次 /30 秒；随着麻醉时间的增长，鱼体达到 4 期时的呼吸频率范围较广，为 20～45 次 /30 秒；达到 5 期时呼吸频率迅速下降，为 7～19 次 /30 秒，且鱼体呼吸不连贯，开始呈现休克状态；达到 6 期后呼吸停止。

MS-222 组在浓度≤ 40 mg/L 时呼吸频率波动不明显（ $P > 0.05$ ），当浓度≥ 50 mg/L 时，鱼体在 3 min 左右出现呼吸间断，鳃盖大幅度张合，随后鳃盖张合幅度减小，但频率加快，达到 90～105 次 /30 秒。随着麻醉时间的延长 10 min 左右部分鱼体出现麻醉 5 期的行为特征，鱼体仰卧静止且呼吸不连续，随着 MS-222 浓度的升高，鱼体进入休克状态，呼吸停止且不能复苏。

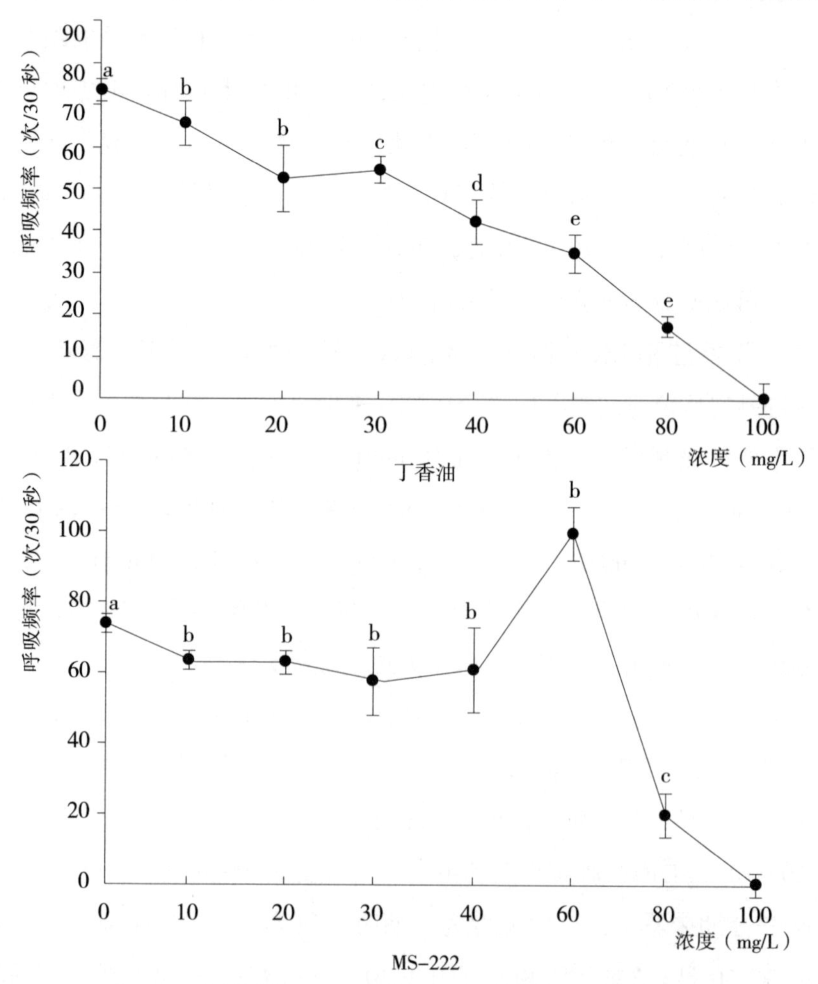

图 4-14　丁香油和 MS-222 对大泷六线鱼幼鱼呼吸频率的影响

注：同列（行）中标有不同小写字母者表示组间有显著性差异（$P < 0.05$），标有相同小写字母者表示组间无显著性差异（$P > 0.05$）

呼吸频率能够直接反映出鱼体的麻醉状态。通常来说，鱼体的麻醉程度越深，呼吸频率越慢，反之越快。鱼体放入麻醉剂溶液后，麻醉剂由体表和鱼类鳃丝吸收，随后进入鱼类的血液循环系统，最终在大脑积聚。随着麻醉时间的延长，血液中麻醉剂最终会达到一个平衡状态，随之鱼类也会呈现出稳定的最终麻醉状态。鱼体的呼吸频率在整个麻醉过程中都是下降的，丁香油对大泷六线鱼幼鱼呼吸频率的影响呈现随着浓度增大、呼吸频率变慢的趋势。而 MS-222 在浓度≤ 40 mg/L，鱼体呈现浅度麻醉状态，呼吸频率无显著变化（$P > 0.05$）；而当浓度达到 60 mg/L 时，鱼体的呼吸频率达到峰值，鱼体随后进入深度麻醉状态；当浓度继续增大，大于 60 mg/L 时，呼吸频率随着浓度增大而极速下降；达到 100 mg/L 时，鱼体基本死亡。可见，麻醉剂对呼吸频率的影响，不仅与麻醉剂类型有关，还与麻醉剂浓度大小有关。

三、空气中暴露时间对深度麻醉大泷六线鱼幼鱼的影响

在预试验基础上，确定使用两种麻醉剂的浓度分别为丁香油 80 mg/L 和 MS-222 60 mg /L。每个暴露试验组用鱼 10 尾，将大泷六线鱼幼鱼分别放入这两种溶液中麻醉 5 min，迅速将幼鱼从麻醉液中捞出，用湿毛巾裹住幼鱼身体中后部。随后在空气中分别暴露 0 min、3 min、4 min、5 min、6 min、7 min、8 min、9 min，然后放入清洁海水中进行复苏，测定其复苏时间。

研究表明，随着在空气中暴露时间的延长，鱼体复苏所需要的时间也延长，两者呈正相关（图 4-15）。丁香油组深度麻醉的大泷六线鱼幼鱼在空气中暴露 7 min 内，能够一直保持深度麻醉，但在放入清洁海水后 1 ~ 12 min 内都能够复苏，且复苏率达 100%；当在空气中暴露 8 min 后，入水后部分鱼体不能复苏，复苏率 50%。MS-222 组在暴露在空气中 5 min 内，入水后鱼体能全部复苏；而当暴露 6 min 后，入水鱼体全部死亡。

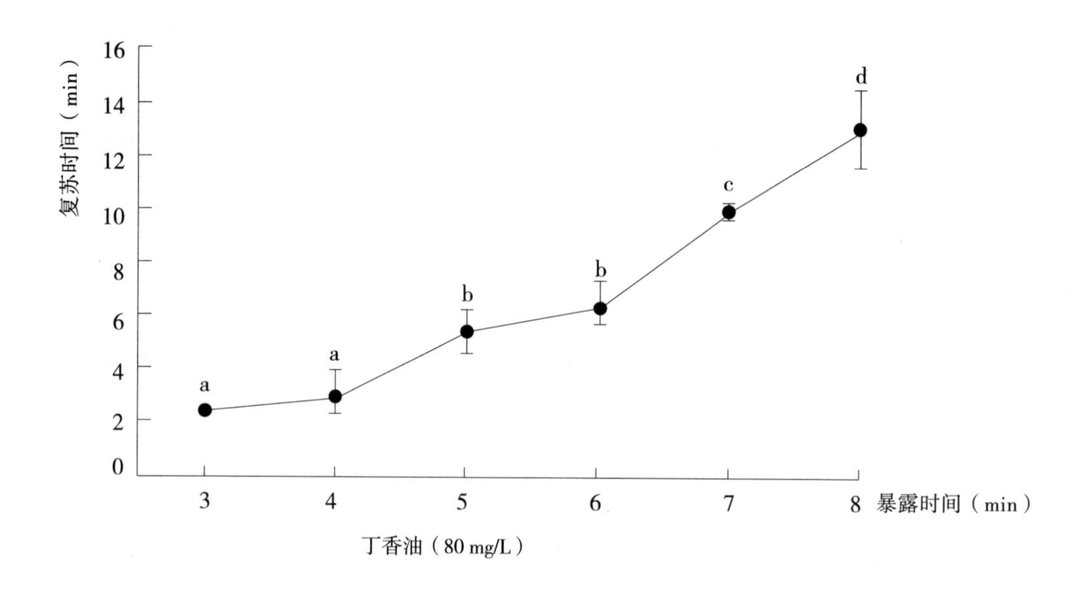

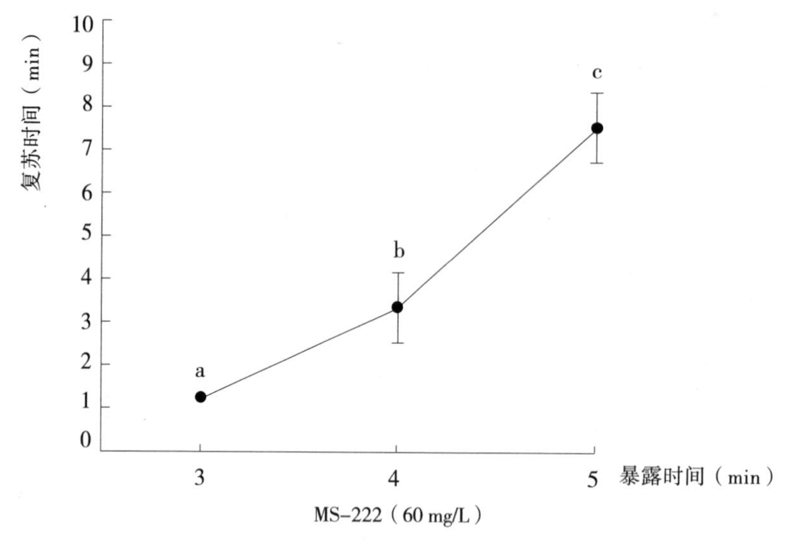

图 4-15　空气中暴露时间对深度麻醉大泷六线鱼幼鱼的影响

注：同列（行）中标有不同小写字母者表示组间有显著性差异（$P<0.05$），标有相同小写字母者表示组间无显著性差异（$P>0.05$）

用麻醉剂麻醉鱼类，再将鱼类放到清洁水体中，鱼类能够逐渐代谢体内的麻醉剂失去麻醉作用。因此，鱼体虽然被麻醉，但放入清水中一段时间后会自动复苏。大泷六线鱼幼鱼经丁香油 80 mg/L 和 MS-222 60 mg/L 深度麻醉以后，其在空气中暴露时间越长，所需的复苏时间越长。丁香油试验组在空气中暴露时间超过 8 min 后，部分鱼体放入清水中不能复苏；MS-222 试验组在空气中暴露超过 6 min 后，试验鱼全部死亡。由本试验可以得知，丁香油 80 mg/L 和 MS-222 60 mg/L 这两个浓度能使鱼体快速进入深度麻醉期，且丁香油组在空气中暴露时间不得超过 8 min，MS-222 组不得超过 6 min。

第五章
Chapter Five

大泷六线鱼人工繁育技术

21世纪初，以海水鱼类为代表的我国第四次海水养殖浪潮兴起，带动了整个海水养殖产业的蓬勃发展。山东省海水养殖研究所（现山东省海洋生物研究院）紧跟时代步伐，深入科研与生产一线调研，集中骨干力量重点攻关海水鱼类项目。在山东省渔业资源修复行动计划和山东省科技发展计划的支持下，对大泷六线鱼的繁殖生物学和养殖技术进行深入系统研究，在大泷六线鱼繁殖生物学、发育生物学、生理生态、种质资源、遗传特性等方面做了大量基础性研究。

研究团队针对大泷六线鱼鱼卵高黏性特点，在人工授精、孵化技术方面进行研究创新，逐步攻克了大泷六线鱼人工授精、人工孵化、苗种培育等重大关键技术难点，解决了受精率低、孵化率低、苗种成活率低的关键技术难题，在人工苗种繁育技术方面取得了重大突破。2010年培育出5 cm以上苗种11.4万尾，在国内外首次实现了大泷六线鱼苗种规模化人工繁育。此后，研究团队不断完善与提高大泷六线鱼的人工苗种繁育技术，并在北方沿海各地普及推广。山东省的青岛、烟台、威海等地纷纷开展了大泷六线鱼苗种的繁育生产，培育技术还辐射推广到了辽宁、天津等地，逐渐形成一定的产业规模。

2012年，研究团队利用人工养成的F1代自繁苗种作为亲鱼，进行了大泷六线鱼全人工繁育技术研究，系统地进行了大泷六线鱼的繁殖生物学、发育生物学、生态生理学、人工繁育及养殖技术工艺等研究。突破了亲鱼生殖调控、饵料配伍、全人工苗种繁育等关键技术，完善了人工催产授精、受精卵孵化、苗种规模化繁育、健康养殖技术等技术工艺，构建了一套完整的大泷六线鱼全人工繁育及养殖技术体系，主要包括亲鱼培育、人工授精、人工孵化、苗种培育、大规格苗种中间培育、网箱养殖、增殖放流等技术环节（图5-1）。大泷六线鱼全人工繁育技术的突破，摆脱了人工繁育对野生亲鱼的依赖，使人工繁育工作稳定可控。繁育的苗种既可满足我国北方沿海网箱养殖的需要，也可用于渔业增殖放流，补充自然海区的种群数量，有利于维持黄、渤海区域自然资源的平衡。目前，大泷六线鱼增养殖已在我国沿海地区迅速发展起来，形成了大泷六线鱼养殖业良好的产业发展格局，产生了显著的经济、社会和生态效益。

2012年，山东省海洋生物研究院主持完成的“大泷六线鱼苗种大规模人工繁育技术”获山东省科技发明二等奖。2017年，“大泷六线鱼人工繁育关键技术研究与应用”获海洋工程科学技术一等奖。

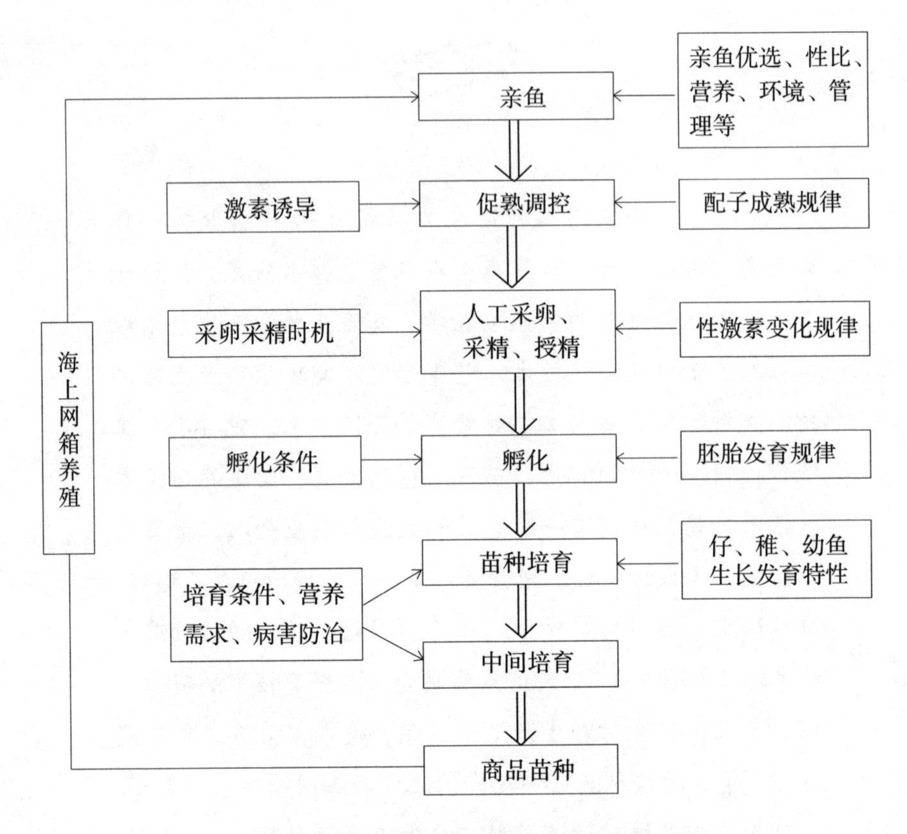

图 5-1　大泷六线鱼全人工繁育技术体系路线图

第一节　人工繁育历程

我国关于大泷六线鱼的研究，始于20世纪60年代，部分学者主要对大泷六线鱼的资源分布及生物学特征进行了调查研究。由于大泷六线鱼鱼卵具有高黏性，遇海水后极易黏结成团块状，造成受精率、孵化率极低，是学术界公认的人工繁育难度大的海洋鱼类品种。半个多世纪以来，各大科研院所和企业致力于攻克这一难题，但均未取得实质性突破。90年代初我国开始进行人工育苗初步试验，山东省海水养殖研究所（现山东省海洋生物研究院）庄虔增研究员、大连水产学院吴立新教授利用在自然海区采集的野生鱼卵卵块，在室内进行孵化，培育出少量苗种。限于当时研究的条件和水平，未能突破亲鱼生殖调控、人工授精、受精卵孵化和规模化苗种培育等关键技术难关。

2005 年，山东省海洋生物研究院郭文研究员率领研究团队充分了解和掌握国内外大泷六线鱼、绿鳍马面鲀两种海水鱼类人工繁育研究现状，并对市场进行调研分析后，最终确定以大泷六线鱼的规模化人工繁育为研发方向。起初阶段，项目组没有查阅到关于大泷六线鱼人工采卵、人工授精的相关资料。前人只是在海区大型海藻上采回自然受精卵块，移入室内，辅以温度、光照、盐度、溶解氧、pH 等相关条件进行了孵化育苗试验，试验结果不甚理想。大泷六线鱼苗种的人工繁育，项目组没有前车之鉴，只能在不断的摸索和创新中进行一次又一次的试验。

2008 年我院承担了山东省海洋与渔业厅下达的渔业资源修复行动计划项目“六线鱼苗种大规模人工繁育技术”，旨在攻克大泷六线鱼人工繁育技术难关，主要解决受精率低、孵化率低等技术难题，实现鱼苗规模化人工繁育。在前期试验的基础上，科研人员在项目组组长的带领下，陆续展开相关研究试验工作，在不断的失败与教训中总结经验，历经近十年的努力，终于取得突破。

一、自然产卵孵化试验

2006 年 4 月开始，实验人员陆续从青岛沿海收捕野生大泷六线鱼，选留外表无损、活力强、体重 300 g 以上的成鱼，按雌雄比例 3 ∶ 1 混养，一直收捕到 11 月底大泷六线鱼的繁殖期结束，放养在山东省海洋生物研究院即墨鳌山基地。暂养池为一大型水泥池，长 30 m、宽 20 m、深 2.5 m。池中布有充氧气头，使用鼓风机充气增氧；海水经砂滤及紫外线消毒后使用，全天不间断流水；水深 2.0 m，中心留有排污口，池底放置水泵推力制造人工水流；在池内移植海带、马尾藻、海黍子、松藻等海洋藻类，营造与大泷六线鱼海底生活相似的自然生活环境。同时在池底堆放海底礁石、牡蛎贝壳礁、聚乙烯波纹板、棕帘等物，作为大泷六线鱼的隐蔽栖息场所和产卵附着基质。每天上午、下午两次投喂玉筋鱼、鹰爪虾等鲜活饵料。放养期间，在10~11月大泷六线鱼繁殖期间，每天检查置于池底的产卵附着基，是否有亲鱼产卵附着。整个产卵期结束，没有发现有自然产卵迹象，更没有发现孵化的仔鱼出现。通过连续三年室外自然产卵孵化试验，均未取得成功，我们认为这是由于室外大型水泥池中的环境条件与自然海区产卵条件差异所致。结果证明在人工环境下自然产卵收集受精卵孵化的途径不通，于是工作人员决定改变方法思路，在室内水泥池内进行试验，直接采用人工采卵授精的方法。

二、人工授精方法试验

2009年6月起，在鳌山基地室内水泥池和大连长海县海区养殖网箱同时展开大泷六线鱼亲鱼暂养强化培育，海上网箱暂养亲鱼的成熟情况要好于室内水泥池。9月下旬，自然水温降到19℃~21℃，亲鱼陆续开始成熟，持续一个半月。雄鱼挤压腹部可以见到乳白色精液流出，雌鱼腹部柔软肿大，生殖孔红肿，可以进行人工采卵授精。

大泷六线鱼属于黏性卵海水鱼类，但以往关于黏性卵海水鱼类人工繁育方面的研究内容很少，且关于黏性卵鱼类的人工授精研究多集中在淡水鱼类，可借鉴经验不多。黏性卵淡水鱼类人工授精多采用鱼卵脱黏法，主要有物理脱黏法和化学脱黏法，即首先将鱼卵外包的黏性物质去除后再进行人工授精孵化。但物理方法、化学方法都会对鱼卵造成损伤，影响鱼卵的受精率和孵化率。项目组考虑到大泷六线鱼卵黏性较大、遇海水短时间内凝结成块的特性，尝试寻找一种更为简单、高效的适合黏性卵海水鱼类的方法。

项目组最初将成熟雌鱼鱼卵挤出盛于塑料盆中，采用湿法授精，发现鱼卵黏性很强，将含有活体精子的海水与鱼卵混合后，鱼卵10 min内便凝结成块状，并且难以分离。这种方法获得的受精卵块受精效果不好，逐层剥离表层的卵粒发现，只有靠近表层的鱼卵受精，卵块里面的鱼卵都没受精，随着孵化时间的延长，里层未受精的鱼卵腐烂变质，滋生细菌，并影响到了表层受精卵的孵化。

项目组负责人于1999年在日本山口县水产技术研究中心进行水产技术交流，期间和日本同行进行了香鱼（あゆ）的人工繁育生产试验。香鱼鱼卵有微黏性，但不及大泷六线鱼的黏性高。借鉴香鱼人工繁育时的方法，项目组根据自然界大泷六线鱼产卵附着于水草、藻类上的特点，利用锦纶网片模拟海藻作为附着基替代物，将雌鱼的鱼卵挤出并黏附到网片上，再进行人工授精，试验发现这种网片附着授精法效果比较理想，受精率达到80%。

项目组由此总结经验，必须避免鱼卵粘连成团，扩大授精面积，尽量增加精子与鱼卵的接触概率，为精卵创造更多相遇机会，才能真正解决大泷六线鱼人工授精难题。于是尝试将成熟雌鱼鱼卵挤入医用解剖盘内，用手轻轻将鱼卵摊开成一平板，平板厚度为2~3层卵，然后滴入含有精子的海水，受精后移入孵化网箱孵化。经观察发现该方法的受精率明显提高，平均受精率达93%。至此，平板授精法在大泷六线鱼的人工授精方面取得成功突破。但在后续孵化过程中，我们发现平板卵层中间仍存在发白或浑浊的未发育死卵，这可能是因为卵层平板过厚，中间层的鱼卵未受精，或即使受精但因外层受精卵包裹而不能和外界水环境接触，溶解氧不足导致孵化发育不好而死亡。

2010年，项目组继续改进平板授精方法，最终将大泷六线鱼卵整形为单层鱼卵的卵片再行授精。这种单层平面授精法使鱼卵受精时能与精子充分接触，再次提高了鱼卵受精率，达到97%，解决了大泷六线鱼因鱼卵黏性强、受精率低的难题。单层受精卵在孵化时能够保证每个受精卵与水环境充分接触，获得充足的溶解氧，大大提高了受精卵的孵化率，可达91%，超过以往56%的孵化率。

三、人工孵化方法试验

大泷六线鱼人工孵化试验是与人工授精同时进行的。项目组先后试验了网片附着孵化法、吊式孵化法、浮式孵化法等几种方法。

网片附着孵化法。采用网片附着法人工授精后，将已经附着受精卵的锦纶网片直接悬浮于网箱中孵化。这种方法由于在水流和充氧气泡不断的搅动下，受精卵附着不牢固容易脱落，沉入网箱底部，孵化效果较差。

吊式孵化法。使用平板授精方法后，鱼卵受精率得到保证，但受精卵平板移入网箱进行孵化后会沉集于网箱底部并相互覆盖挤压，且和网箱底部容易发生摩擦，导致受精卵损伤影响孵化效果。吊式孵化方法模拟自然界大泷六线鱼受精卵附着在江蓠、石花菜等藻类上的状态，将受精卵平板相互间隔 20 cm 固定在一棉绳上，棉绳底端用坠石绑定，将受精卵吊挂在网箱中进行流水孵化。吊式孵化法避免了受精卵沉集网箱底部互相覆盖与网箱摩擦，且孵化过程中可以获得充足的溶解氧，除平板中间部分受精卵不能孵化外，其余基本全部成功孵化，受精卵平均孵化率可达 81%。大泷六线鱼的孵化期较长，在水温 16℃的情况下，一般经过 20～23 d 受精卵开始孵化出仔鱼，3～5 d 才能全部孵出，孵化时间不同步。随着仔鱼的孵出，卵片逐渐分离破碎，不能再固定在棉绳上，散落于网箱底部，不利于仔鱼的继续孵出，影响孵化率。

浮式孵化法。将受精卵薄片平放于特制孵化筐内，孵化筐可以漂浮于水面，每筐内可以放置 3～5 片卵片。采用流水孵化，卵片在孵化筐内既提高了孵化效率又降低了孵化操作难度。在此基础上，模拟自然海区鱼卵孵化过程中海水潮汐对受精卵规律性定期冲刷、干露等现象，在浮式孵化过程中定时采用流水、阴干、光浴刺激等仿自然孵化技术，使受精卵孵化过程中最大程度接近自然界孵化状态，受精卵孵化率可提高到 91%，彻底解决了受精卵孵化率低的难题。

四、规模化苗种培育

历经数年的刻苦攻关与经验总结，在解决受精率和孵化率低等难题的基础上，项目组逐步开展规模化生产性的工厂化苗种培育。苗种培育成活率的提高是项目组攻关重点。最初获得人工受精卵进行苗种培育试验时，由于温度、光照、密度、饵料等各种条件参数掌握不够，仔、稚鱼期苗种死亡率很高，培育成活率仅在个位数，一直难以形成规模化繁育。通过对苗种生理发育与生态环境关系的研究，特别是对苗种培育温度、盐度、光照强度等环境影响及饵料选择、投喂时机对苗种生长发育影响的研究后，经过几年的实践摸索与逐步完善，逐步确定苗种培育的各项最适参数，苗种培育成活率稳步达到40%以上，最终形成了完善的“单层平面授精 + 浮式孵化 + 规模化苗种培育”的大泷六线鱼人工繁育技术体系。该技术体系的推广及广泛应用，解决了我国北方地区人工养殖及增殖放流的苗种来源问题，为大泷六线鱼增养殖的产业化发展奠定了坚实的基础。

第二节 亲鱼培育

一、亲鱼来源与选择

大泷六线鱼人工繁殖使用的亲鱼来源主要有两种：一种是采捕符合要求的野生亲鱼，经暂养、驯化和优选培育后使用；另一种是从人工网箱养殖群体中选取合格个体。目前，人工养殖主要集中在大连、烟台、威海、青岛等地。

近年来，由于自然资源的逐步衰退，野生大泷六线鱼渔获量逐年降低，捕捞规格也日趋变小，且野生亲鱼驯化难度大、成活率低，因此人工繁殖的亲鱼以人工网箱养殖群体为主。

大泷六线鱼雌雄异体，性成熟的亲鱼很容易从外观区别开来。一般情况下，同龄雌鱼体重是雄鱼的1.5 ~2倍。性腺发育成熟时，雌鱼腹部隆起明显，生殖孔红肿；雄鱼无明显性成熟体征。

1.野生亲鱼采捕与驯化

野生亲鱼一般采用定置网捕捞。受捕捞网具的影响，亲鱼极易受损伤、死亡，起捕过程中应特别注意不要伤及鱼体。野生亲鱼的捕获一般应在每年春、秋季，捕获后亲鱼应及时单尾充氧带水打包或活水车运输至亲鱼培育车间进行暂养和驯化。

亲鱼驯化主要技术要点：

（1）亲鱼运至培育车间时，暂养池水温与包装运输水温温差小于2℃。

（2）暂养池环境模拟大泷六线鱼自然生态环境，池内布置适合栖息的隐蔽物，环境要求噪音小、光照低。暂养池周围用黑色遮光布围挡，光照控制在500 Lx以下，培育水温14℃～16℃，盐度29～31，pH 7.8～8.5，DO>6 mg/L，日流水量4个全量以上，暂养密度3～5尾/立方米（图5-2）。

（3）驯化饵料：首选鲜活饵料进行诱食，如沙蚕、玉筋鱼、鹰爪虾等。活饵有助于刺激暂养亲鱼的摄食欲望，尽早摄食有利于提高亲鱼的存活率和促进性腺发育。

图5-2 亲鱼培育隐蔽物

2. 人工养殖亲鱼优选

人工养殖亲鱼一般选用海上网箱养殖的2～3龄大泷六线鱼，雄鱼体重300～500 g，雌鱼体重400～800 g。选择色泽正常、体形完整、无病无伤、摄食活跃、活力良好的个体做亲鱼。待海区养殖水温逐渐降至18℃以下时，可以挑选腹部膨大、生殖孔红肿、性腺发育良好的雌鱼；雄鱼一般会比雌鱼提前成熟。挑选好成熟、健康的亲鱼后，运至繁育车间培育池后可待产。

二、亲鱼培育管理

1. 培育设施

亲鱼培育池为半埋式圆形水泥池，30 ~ 50 m^3，池深 1.0 ~1.2 m，池内设置供亲鱼栖息的隐蔽物。进水口依切角线或对角线方向设置，排水口位于池底中央，池底呈 10 度左右坡降，便于及时排除残饵、污物。池外设排水立管，可与中央立柱相匹配自由调节池内水位和流速。

2. 培育密度

亲鱼培育密度为 3 ~ 5 尾 / 立方米，雌、雄比例为 2 ∶ 1。

3. 培育条件

亲鱼培育采用流水培育方式，日流水量为 3 ~ 5 个全量，培育用水为砂滤自然海水，水温 14℃ ~16℃，盐度 29 ~ 31，pH7.8 ~ 8.5，连续充气，溶解氧保持在 6 mg/L 以上，光照强度控制在 500 Lx 以内，光照时间为 6 ∶ 00 ~ 22 ∶ 00。车间内注意保持安静，避免噪声惊扰亲鱼。

4. 强化培育

亲鱼产卵前 2 ~ 3 个月为强化培育阶段。在这个阶段，亲鱼的饵料以投喂优质新鲜、蛋白质含量高的沙蚕、玉筋鱼、鹰爪虾等为主，每天投喂 2 次，投喂量为鱼体质量的 2% ~ 3%。同时在饵料中加入营养强化剂（成分为复合维生素、卵磷脂等），每次投喂的营养强化剂量约为亲鱼质量的 0.3%，可促进亲鱼性腺发育。

5. 发育检查

亲鱼强化培育期间，每 10 天可检查亲鱼一次，查看亲鱼性腺发育情况。经过一段时间的强化培育，亲鱼发育成熟后，可以进行人工采卵和授精。人工采卵和授精前须检查亲鱼成熟度。雄鱼的检查方法是：用手从前向后轻轻挤压雄鱼的腹部至泄殖孔，精液就会从泄殖孔流出来；从精液颜色可以判断雄鱼发育情况，成熟雄鱼精液为乳白色；同时可以借助显微镜来镜检精子活力情况。雌鱼的检查方法是：可用手从前向后轻轻挤压腹部，成熟的雌鱼腹部松软，生殖孔红肿外翻（图 5–3）；可用采卵器或吸管从生殖孔内取卵，若取出的卵已经呈游离状态，表示雌鱼已成熟。亲鱼成熟后，应移到产卵池待产。

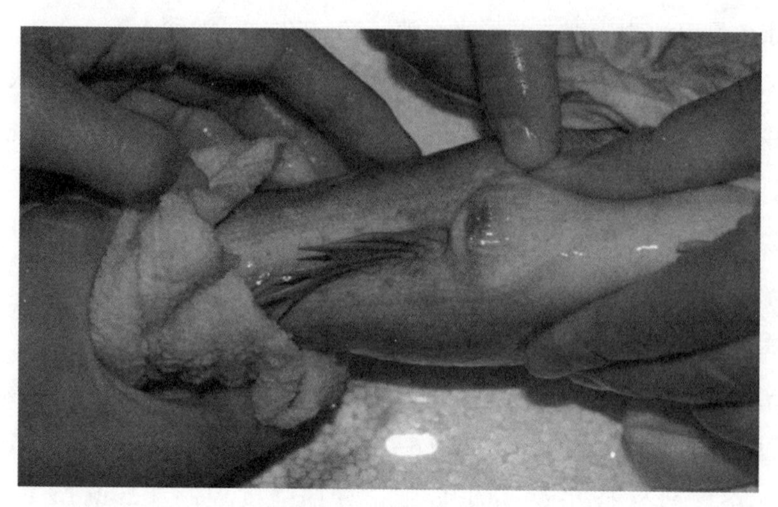

图 5-3 亲鱼检查

6. 产后管理

亲鱼在人工采卵后体质虚弱，由于挤压腹部常会受伤，容易感染疾病，严重时导致死亡，必须采取措施防止感染。若是受伤较轻，可以用抗生素 5×10^{-6} ~ 6×10^{-6} 进行药物浸泡，一般 3 ~ 5 d。若体表受伤严重时，除浸泡外，可以用红霉素药膏对体表进行涂抹预防感染。投喂新鲜的饵料，一般投喂量为鱼体质量的 5% 左右，以鱼食饱为好。经过 20 ~ 30 d 的精心管理，产后的亲鱼即可恢复体质，以备后用。

第三节 人工催产、授精与孵化

一、人工催产

大泷六线鱼人工繁育过程中，发育良好的成熟亲鱼可以直接用来人工授精，但有时会出现亲鱼性腺发育不完全成熟的情况。为了提高亲鱼利用效率，在营养强化培育的基础上，可采用注射激素的方法促进性腺进一步发育，以便人工采卵、授精，同时可以提高亲鱼成熟的同步率，以获得批量受精卵用于有计划的苗种规模化生产。

1. 激素选择及剂量

对发育尚不成熟的雌鱼，可选择注射催产激素促黄体素释放激素 A2（$LHRH-A_2$）进行诱导促熟。按 30 ~ 50 μg/kg 亲鱼体重的剂量分 2 ~ 3 次注射，每次注射时间间隔 24 h。适宜进行催产激素注射的雌鱼一般为性腺发育至Ⅳ期的即将成熟的亲鱼。雄鱼一般自然成熟，无须注射激素即可人工挤出精液；对尚不成熟的雄鱼也可注射催产激素，剂量较雌鱼减半。一般诱导后 7 ~ 10 d 雌鱼腹部膨大更加明显，生殖孔红肿外凸，即可进行人工采卵授精。

2. 注射部位及方法

注射激素时将亲鱼平放在柔软的海绵上，并用海水沾湿的毛巾裹住鱼身，露出背部，防止受伤（图 5–4）。采用背部肌肉注射，选取位置为背鳍基部肌肉处。宜选用 5 号针头注射，激素用 0.9% 的生理盐水溶解稀释，针头与肌

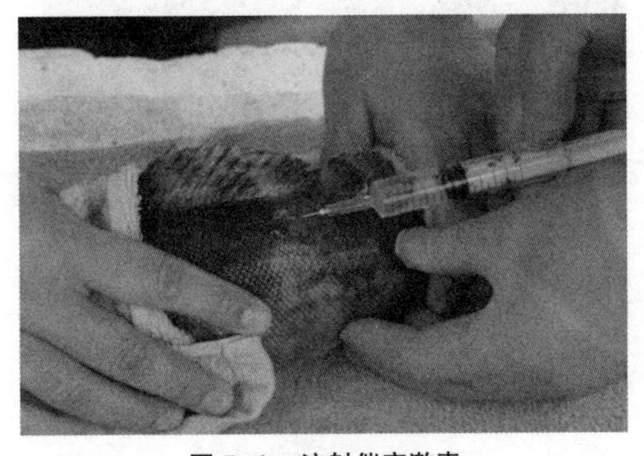

图 5–4 注射催产激素

肉呈 45° 角斜方向插入背部肌肉，针头深入体内 5 mm 即可，轻轻缓推，将激素溶液注入体内。

二、人工授精

待大泷六线鱼雌、雄亲鱼均发育成熟时，即可采用半干法授精方式进行人工授精。首先选取 2 ~ 3 尾成熟雄鱼，由前向后轻推鱼体腹部，有乳白色精液从泄殖孔流出。用胶头滴管吸取精液在显微镜下观察精子活力，精子游动迅速、活力较好的雄鱼留用，活力较差者放回培育池中继续培育。将经筛选过的雄鱼精液挤入盛有清洁海水的 500 mL 的玻璃烧杯中避光存放，30 min 内具有较强活力，可以用来授精。（图 5–5，图 5–6）

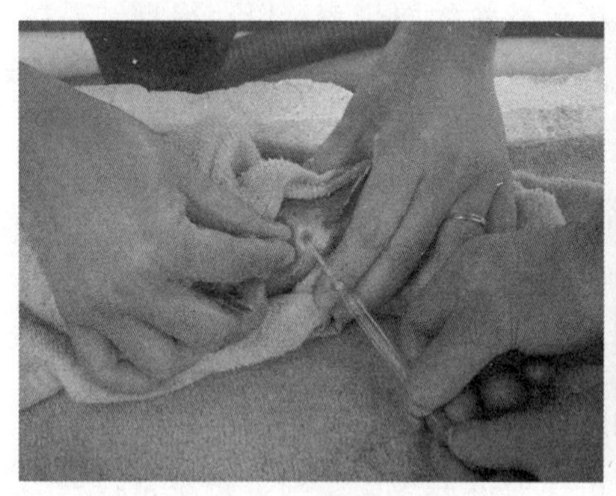

图 5–5　采取精液

图 5–6　盛有精子的海水溶液

再选取成熟的雌鱼，将雌鱼放在柔软的海绵上，并用海水浸湿的毛巾包裹，使鱼保持安静。从鱼体前部向后轻推挤压腹部，成熟的卵子会从生殖孔流出，采集于容器中（图 5–7）。

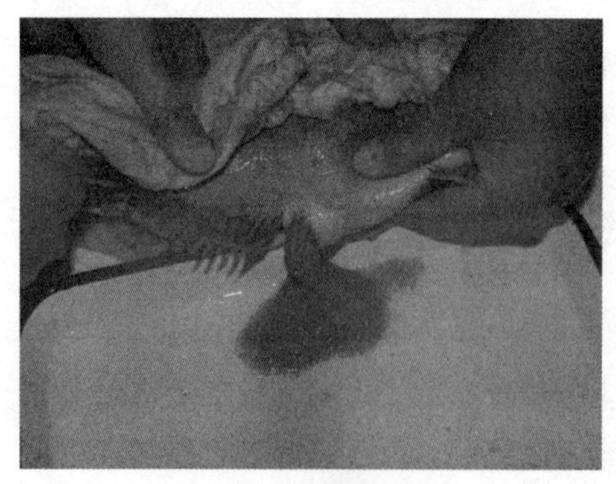

图 5–7　人工采卵

人工授精采用单层平面授精法。挤出卵量达 50 ~ 100 g 时，将采集鱼卵平铺到网孔直径为 1.8 ~ 2.2 mm 网片的平板上，轻轻将鱼卵摊开使每个网孔中仅有一粒鱼卵。操作时注意力度一定要轻，避免损伤压破鱼卵。再将 3 ~ 5 mL 雄鱼的精液溶液喷洒到卵片上，使精卵充分接触。10 ~ 15 min 后，受精完毕，用清洁海水冲洗卵片 3 ~ 5 次后，即形成单层平面受精卵片（图 5–8），轻轻将单层受精卵片从网片上取下，移入孵化池中进行孵化。

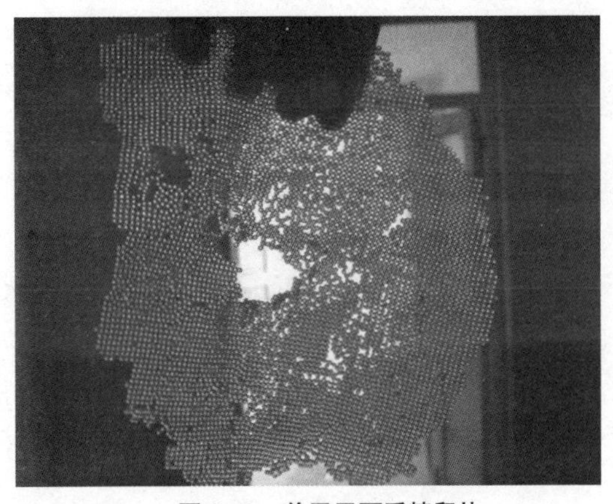

图 5–8　单层平面受精卵片

三、受精卵孵化

1. 孵化设施

大泷六线鱼受精卵多采用孵化网箱、孵化筐在水泥孵化池中进行孵化。孵化池一般为圆形、方形、长方形等（图 5–9），面积为 10 ~ 20 m^2，水深 1 m。用 60 目筛绢制成方形孵化网箱若干个（1 m × 1 m × 1.2 m），排放在孵化池内，网箱上沿露出水面 20 cm，网箱底部放置充气头 1 个；孵化筐（0.70 m × 0.35 m × 0.15 m）可漂浮于水面进行孵化。

图 5–9　长方形孵化池

2. 孵化方式

孵化方式主要有两种，一种是网箱吊式孵化，另一种是孵化筐浮式孵化。在人工孵化过程中模拟自然海区鱼卵海水对受精卵规律性冲刷、干露、日照等现象，定时采用流水、阴干、光浴等仿自然孵化技术，可显著提高受精卵孵化率，受精卵孵化率提高到91%。

（1）网箱吊式孵化。

将人工授精后的平面受精卵片用聚乙烯绳穿成一串，每串固定3片受精卵，卵片间隔15~20 cm，绳子底端悬挂坠石，将卵片吊挂于网箱内孵化（图5-10），孵化密度为1.0×10^5~1.5×10^5粒/立方米。

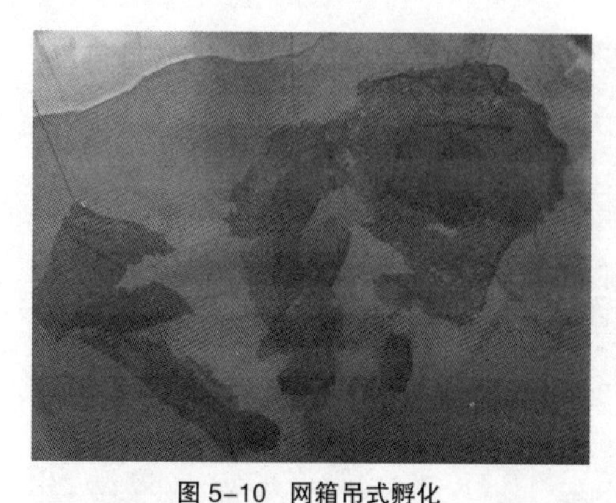

图5-10 网箱吊式孵化

（2）孵化筐浮式孵化。

将人工授精后的平面受精卵片直接放置于漂浮的孵化筐内，均匀平铺，卵片浸没于水中，每筐放卵片3~5片，放于孵化池内孵化（图5-11）。

图5-11 孵化筐浮式孵化

3. 孵化管理

孵化用水为沙滤海水，水温16℃~17℃，盐度29~31，pH 7.8~8.1，溶解氧保持在6 mg/L以上，光照强度500~1000 Lx，光照时间6：00~22：00。24 h长流水，日流水量为8~10个全量。连续充气，充气量控制在0.2~0.4 L/min。由于大泷六线鱼的孵化期比较长，在孵化过程中，一般在受精卵发育15 d后，每天对受精卵片表面用等温孵化海水进行流水冲洗一次，每3 d用抗生素进行药浴处理，避免卵片表面滋生细菌、真菌，及时剔除死卵并洗刷孵化网箱、网箧。日常操作过程中，操作要仔细，并做好孵化池、网箱及工具的消毒工作，预防感染。在上述条件下受精卵经过 20 ~ 23 d 的孵化，仔鱼即陆续孵出。

第四节 苗种培育

一、水质条件

1. 水质处理

在开放式流水模式下，要求原水（指自然海水）必须经过滤、消毒和调温后进入育苗池使用，用过的水则通过排水渠道进入室外废水池中，净化后排放入海。在封闭式循环水模式下，原水经过滤、消毒和调温等处理后使用，使用后的水经物理和生物过滤并再次消毒、调温处理后方可重复使用。目前，多数育苗厂家采用蛋白质分离器去除过滤海水中的有机物，并使用液氧、微孔增氧等手段增氧，提高育苗用水的水质。

2. 溶解氧调节

育苗池内良好的充气条件有助于维持水体适宜溶解氧水平，抑制厌氧菌繁殖提高鱼苗成活率，增进鱼苗食欲加快生长速度。仔鱼前期一般适应较低强度的充气水平，6 ~10 日龄仔鱼的最佳充气量约为每小时 30 L/m^3。其后可随着鱼苗的生长逐渐增加充气量。水体溶解氧的过饱和或过低，对仔鱼的生长发育将带来不利影响，如溶解氧饱和度达 105% 时，处于第一次投喂期的仔鱼可能会因发生气泡病而大量死亡。初孵仔鱼具有较强的抗低氧能力，开口摄食后，耗氧需求逐步增强，且表现得越来越敏感。大泷六线鱼育苗过程中，应保持连续充气，水体溶解氧含量达 6 mg/L 以上。应及时监测水体中溶解氧和氨氮等代谢产物的含量，掌握其变化，及时调整充气量以维持水体溶解氧水平，必要时可用纯氧进行调节，保证育苗的顺利进行。

3. 水温调节

水温对鱼苗的新陈代谢水平产生重要影响，尤其与卵黄吸收率和转化率密切相关，较高水温利于卵黄囊吸收但是较低水温利于卵黄的转化。大泷六线鱼苗种培育期间的生长发育水温范围以 14℃ ~ 16℃为宜。

4. 盐度调节

变态前的仔鱼不具备渗透压调节的能力，变态后方能达到与成鱼同样的盐度耐受力。盐度对仔鱼生长有一定的影响：盐度在 25 ~ 35 时初孵仔鱼存活率最高，盐度在 32.5 时生长最好；30.0 ~ 32.5 盐度范围内刚开口仔鱼的存活率较高，生长最快；盐度低于 20 时变态期仔鱼的存活率与盐度高于 25 时没有显著性差异，但两者体长存在显著性差异。因此，在育苗过程中，早期育苗的盐度最好保持在 25 以上，以保证鱼苗的成活率。

5. pH、氨氮和悬浮物控制

人工育苗过程中，大泷六线鱼的适宜 pH 是 7.8 ~ 8.1；育苗水体的氨氮含量不能超过 0.1 mg/L；水中的悬浮颗粒物总量不能超过 15 mg/L，否则容易造成鱼苗的窒息死亡。

6. 换水率

苗种培育初始水量为培育池体积的 3/5，前 5 天逐渐加水至满池，以后采用换水方式，每天用网箱换水两次。随着鱼苗的生长逐渐增大换水量，20 日龄前换水量为 60%，40 日龄前为 100%，60 日龄前为 150%。60 日龄后采取流水方式换水，并随着鱼苗的生长和摄食量的增加，流水量逐渐增大到 200% ~ 400%。

二、苗种培育管理

1. 光照调节

人工育苗过程中，光照强度控制在 500 ~ 1000 Lx ，光线均匀柔和，避免阳光直射；光照时间为 6 ： 00 ~ 22 ： 00。育苗池的光照由自然光和人工光源控制，人工光源可以在育苗池上方设置日光灯，在日落之后用来延长光照时间。阴天和夜晚可以使用人工光源来保持光照。

2. 培育密度

受精卵发育完成后仔鱼陆续大量孵出，初孵仔鱼会漂浮于水体表面，此时可对刚刚孵化的初孵仔鱼进行计数，以确定孵化率和仔鱼的培育密度。一般初孵仔鱼的布池密度为 5×10^3 ~ 8×10^3 尾 / 立方米（图 5–12），并根据培育池的容量确定培育鱼苗数量。当孵出仔鱼数量达到培育池的合理培育密度后，可将尚未完全孵化结束的受精卵孵化筐移至新的培育池中继续孵化。

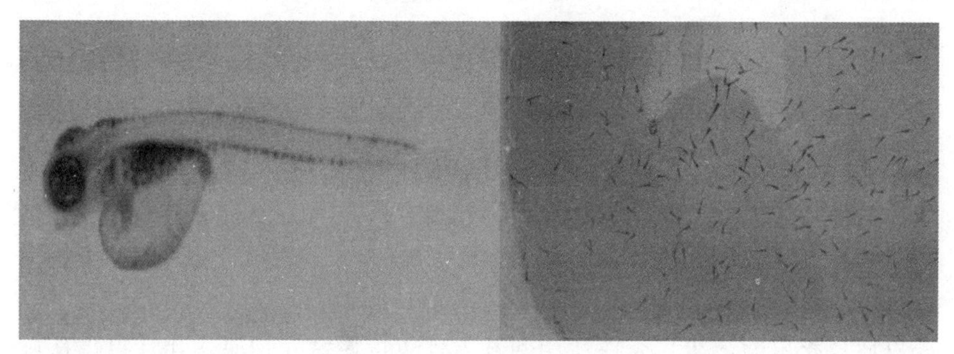

图 5–12　初孵仔鱼

3. 饵料投喂

大泷六线鱼苗种培育期间投喂饵料系列为轮虫—卤虫无节幼体—配合饵料（图 5–13）。投喂时间段为 5 ~ 25 日龄投喂轮虫，10 ~ 60 日龄投喂卤虫无节幼体，配合饵料在 50 日龄后开始投喂。

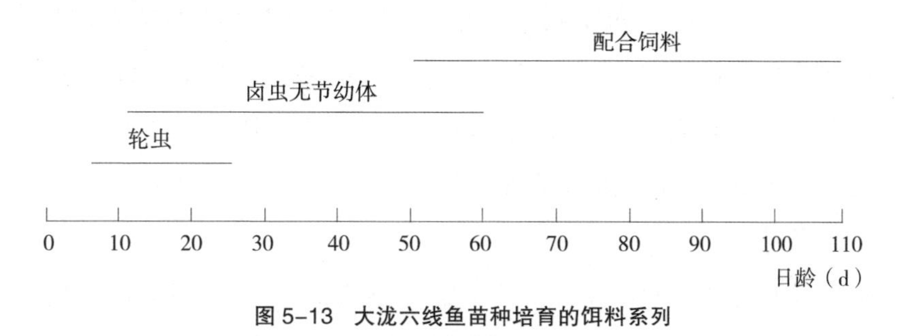

图 5–13　大泷六线鱼苗种培育的饵料系列

轮虫投喂前需用富含 DHA 和 EPA 的强化剂营养强化 10 ~12 h，每天投喂 2 次，使培育池内的轮虫密度保持在 6 ~ 8 ind/mL。卤虫无节幼体孵化前需脱壳处理，投喂前需要用富含 DHA 和 EPA 的强化剂营养强化 6～8 h，每天投喂 2～3 次，投喂密度开始为 0.3～0.5 ind/mL，随着鱼苗的生长逐渐增大到 1～2 ind/mL。轮虫和卤虫在营养强化收集后，准备投喂前需要用清洁海水反复冲洗干净，降低携带污物和病原。50 日龄开始投喂配合饵料，粒径由开始的 200 μm 逐步增大，遵循勤投少投的原则，一般情况下驯化 10～15 d，鱼苗开始全部摄食配合饵料，每天投喂 8～10 次，投喂量为鱼苗体重的 5%～8%。

4. 微藻添加

鱼苗培育期间，每天向培育池添加新鲜的处于指数生长期的海水小球藻（Chlorella sp.），并保持其密度在 3×10^5～5×10^5 cell/mL，直至 25 日龄停止添加。在苗种培育期向培育池中添加微藻主要有以下几个作用：①小球藻富含高度不饱和脂肪酸 EPA（35.2%）和 DHA（8.7%），直接供给仔鱼营养，亦可通过轮虫的富集、载体作用间接为仔鱼传递营养物质，在仔鱼摄食行为的建立、调节以及消化生理的刺激等方面发挥作用。②可改善水质状况，通过光合作用释放出氧，以补充和提高因仔鱼代谢所导致的水中溶氧量的损耗，同时吸收利用水体中部分有机代谢物质和矿物质。③可以调节养殖水体以及仔鱼肠道的微生态系统，维持水体及仔鱼肠道的菌群平衡，进而减少病原菌的爆发而起到益生作用。④由于苗种个体间的发育差异和开口期的不同步，导致仔鱼对生物饵料轮虫的摄取时间前后会出现差别，添加微藻可保持接种的轮虫在水体中有较长时间的存在，为摄食仔鱼供给足够密度的轮虫。⑤具有增加水体混浊度和光对比度的作用，从而提高食饵的背景反差，增加海水仔鱼的摄食率。

5. 生长情况

初孵仔鱼在水温 16℃～17℃，盐度 29～31 的条件下，经 90～100 d 的培育，全长可达 5.0～6.0 cm，体重可达 1.5～1.7 g，成活率可达 40% 以上（表 5-1）。

表 5-1 大泷六线鱼生长情况（16℃~17℃）

培育天数（d）	全长（mm）	体重（g）
10	9.61±0.68	0.07±0.01
20	16.40±0.73	0.12±0.03
40	27.43±0.85	0.21±0.08
60	38.42±1.44	0.48±0.11
80	49.23±1.73	1.12±0.19
100	60.45±3.23	1.73±0.26

大泷六线鱼仔、稚、幼鱼生长呈现先慢后快再慢 3 个阶段。0~7 d，生长较为缓慢，7 d 后进入快速生长期，直至 48 d 开始投喂配合饵料，生长速度开始减低，并逐渐稳定（图 5-14，图 5-15）。

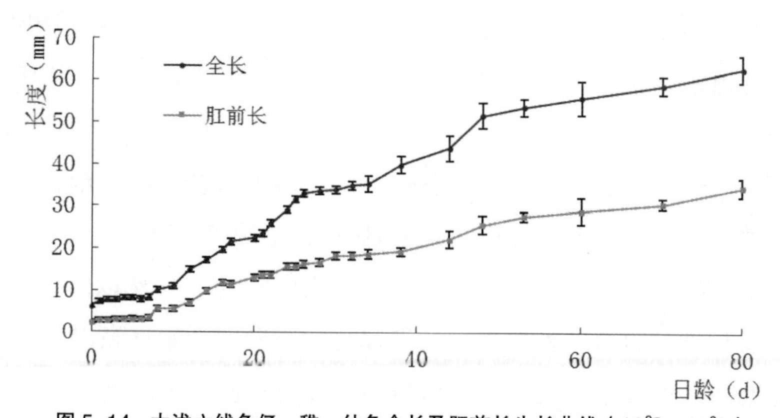

图 5-14 大泷六线鱼仔、稚、幼鱼全长及肛前长生长曲线（16℃~17℃）

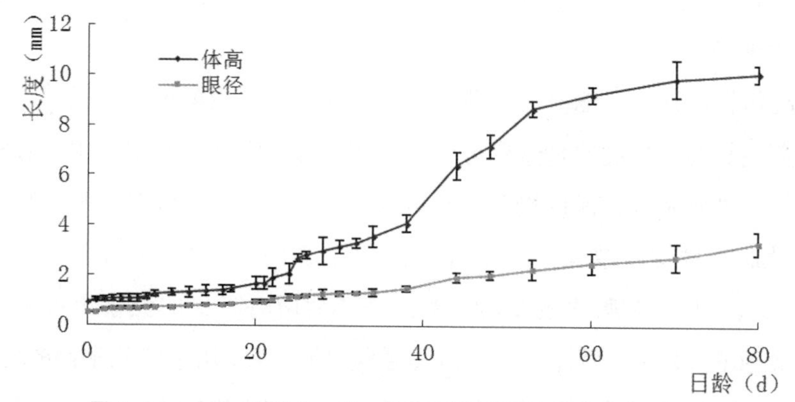

图 5-15 大泷六线鱼仔、稚、幼鱼体高及眼径生长曲线（16℃~17℃）

6.“危险期”注意措施

根据多年来实践中的观察与分析，大泷六线鱼人工育苗过程中，有3个发生大量死亡的时期，被称为“危险期”。这几个时期应加强管理，及时调整，以保障育苗的成功。

第一个危险期出现在仔鱼孵出后的3~5日龄，仔鱼还未建立外源性营养开始摄食，这一阶段的死亡率会在30%左右。死亡的仔鱼多数为畸形、瘦弱、体色发黑、卵黄较小。该阶段的死亡主要和受精卵质量有关，多数体质较差，发育不良的个体被淘汰。强化亲鱼培育期的营养需求，提高亲鱼成熟度对保证受精卵质量，对降低此阶段的死亡率至关重要。

第二个危险期出现在仔、稚鱼变态期间，15~20日龄，这一阶段的死亡率会在20%左右。这期间正处于仔鱼阶段向稚鱼阶段过渡，各鳍相继发生，生理变化剧烈，发育迅速，对外界环境和营养要求很高。死亡的仔鱼多为营养不良、发育迟缓、难以完成变态之鱼。除了满足仔鱼在营养上对DHA和EPA的需求外，在培育水体中添加有益菌（EM、益生素、光合细菌等），通过改善水质、稳定环境也可以提高该阶段仔鱼的成活率。

第三个危险期出现在50~60日龄，死亡率一般在10%以内。这阶段主要是稚鱼向幼鱼过渡，稚鱼头部的翠绿色由后向前开始逐渐退去，出现浅黄色，与成鱼的体色相近。这个阶段需要注意水质环境的调节和配合饵料的转换。

7. 污物清除

苗种培育过程中，池底会有残留的粪便、死鱼、残饵等废物沉积，影响破坏鱼苗生长的水环境质量，容易引发疾病。每日应坚持使用专用清底器利用虹吸原理吸底1次，保证培育池底清洁无粪便、死鱼及残饵。吸底时先轻轻驱逐池底苗种使其散开，防止苗种被吸出，在虹吸管出水口末端设置一个专门网箱，收集被吸出的苗种，吸底完毕后应将吸出的健康苗种重新放入原培养池继续培养。另外可在水面设置自制集污器，用来清除水面的污物，避免由于水面污物覆盖导致通透性降低而造成气体交换的不畅。

8. 病害防治

大泷六线鱼育苗应贯彻以防为主、防治结合的原则。在日常管理中，密切观察鱼苗的摄食、游动、体色等有无异常，及时察觉发病前兆并防治。根据实际生产情况调节换水量、定期疏苗降低养殖密度、定时添加益生菌改善水质、及时倒池等措施，保持良好的苗种生存环境，同时加强饵料的营养强化，确保饵料质量。培育池及培育用具定期消毒，工具专池专用等。

9. 分苗

随着鱼苗生长，其相对密度增大，生长速度容易受到影响，水质条件容易出现变化，会对鱼苗成活率构成威胁，所以及时进行疏苗十分必要。一般在苗种生长到 50 ~ 60 日龄（全长 30 mm 左右）进行首次分苗（图 5–16），降低育苗池中的培育密度，原池和新池培育密度控制在 $0.8 \times 10^3 \sim 1.0 \times 10^3$ 尾 / 立方米。一般采用灯光诱捕法，即在晚间关闭灯照后，用手电照射水面，利用鱼苗的趋光性诱集鱼苗成群，然后用水桶带水轻轻捞取鱼苗，轻放至新的培育池中继续培养。

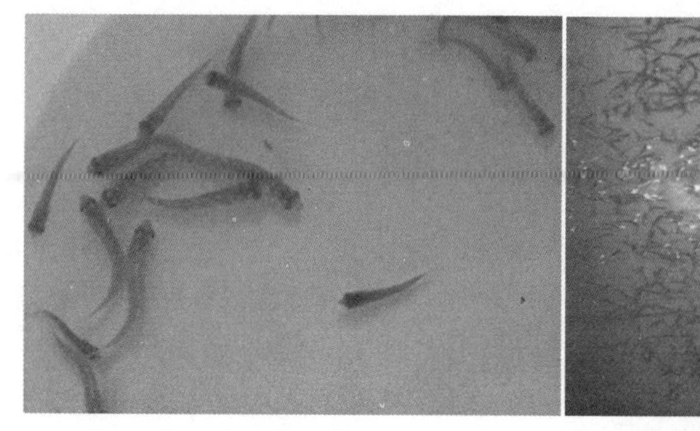
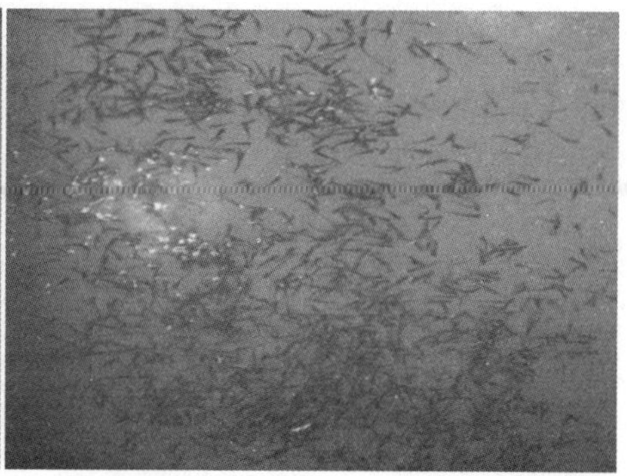

图 5–16　60 日龄苗种

10. 计数出池

在水温 16℃ ~17℃条件下，大泷六线鱼苗种孵化后培育 90 ~ 100 d，全长生长至 5 ~ 6 cm，达到商品苗种销售规格，即可出池。苗种出池前，应在运输前停食一天，使苗种消化道内的饵料、排泄物完全排空，防止在运输过程中排出败坏水质，消耗运输水体中有限的溶解氧，致使苗种在运输途中窒息死亡，造成经济损失。苗种运输前，应将培育水温逐步降低至10℃～12℃。若夏季水温较高，可在水中加入碎冰块进行降温，并使苗种在该温度范围下适应2～4 h为好，随后进行苗种出池、充氧打包。出池前先将苗种培育池的水深降低至30 cm左右，便可使用手捞网将鱼苗轻轻捞起。手捞网片用软棉线制成，网目10～20目。将捞起的鱼苗放置于带水塑料容器中，保持连续充气，再经人工准确计数后装入聚乙烯薄膜打包袋中。

11. 苗种运输

5～6 cm的小规格苗种运输主要采用保温泡沫箱内装充氧聚乙烯薄膜袋运输的方法。其优点是：运输灵活、方便，可采用普通卡车、保温车、飞机等多种运输工具，对颠簸路途适应性好；对苗种损伤轻、鱼苗成活率高。一般容量20 L的聚乙烯薄膜袋装清洁海水5～7 L（1/4～1/3体积），使用工业用纯氧氧气瓶给盛有苗种的打包袋充氧，充气时气管头应该置于水面以下，以尽可能提高水体中的溶解氧水平，最后用粗皮筋扎紧袋口放入泡沫箱。袋内水温10℃～12℃，夏季温度较高时可以在保温箱内添加冰袋以防袋内水温升高，并用打包胶带将泡沫箱封口，最好采用保温车运输。根据苗种规格、运输水温与时间长短，袋内可装鱼苗的数量如下：全长50～60 mm的苗种，运输水温10℃～12℃，运输6～10 h，可袋装苗种150～200尾；运输4～6 h，可袋装苗种200～250尾；运输4 h以内，可袋装苗种250～300尾。

三、大规格苗种培育

大泷六线鱼为秋冬季产卵型鱼类，繁殖季节一般在10月中旬至11月下旬，次年三四月苗种培育期结束。此时大泷六线鱼苗种全长达6 cm以上，身体颜色由绿色完全变为黄褐色，进入幼鱼期。幼鱼的体态和生活习性基本和成鱼相似，但苗种摄食能力相对较差，抵抗力相对较弱。如果这个时期向网箱投放人工苗种，养殖成活率较低。试验证明全长5～6 cm小规格苗种投放网箱后，3个月内的养殖成活率仅为35%～40%，而投放15 cm以上大规格苗种3个月内的养殖成活率为85%～90%。大规格苗种能够更好地适应网箱养殖，有利于大泷六线鱼在网箱养殖中快速生长，缩短网箱养殖时间，增加效益。因此，投放网箱养殖前在室内车间进行大规格苗种培育显得尤为重要。

大泷六线鱼大规格苗种培育是在苗种培育期后继续在工厂化车间培育池中进行的。幼鱼期后鱼苗不同于仔鱼和稚鱼期生活在水体中上层，而是在池底活动，营底栖生活，只有摄食时候才会游动到水面上层。根据幼鱼的生活习性，模仿大泷六线鱼的自然生活环境，在培育池底投放水泥制件、陶瓷管件、牡蛎贝壳礁等，为苗种提供栖息和隐蔽场所（图 5–17）。大泷六线鱼平时栖息聚集在隐蔽物内，安稳少动，投喂饵料时急蹿至水面，摄食强烈，养殖过程中几乎无死亡，大大提高了苗种成活率和生长速度。

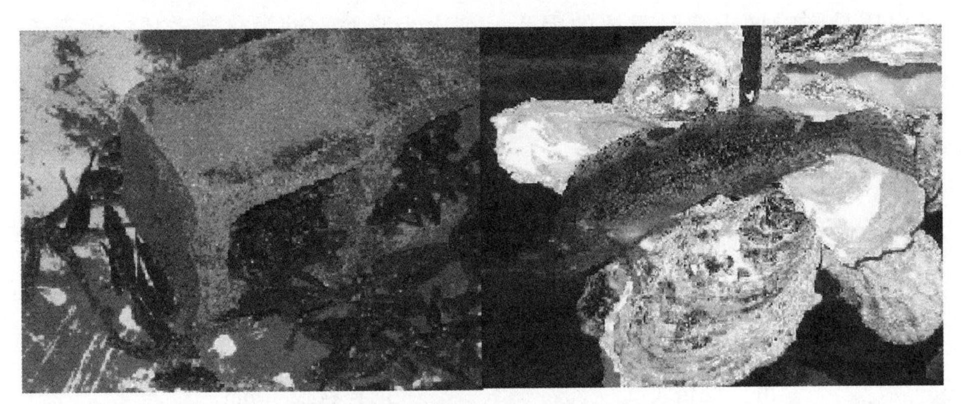

图 5–17　栖息于池底遮蔽物（水泥制件与贝壳礁）

1. 苗种要求

放养苗种要求活力强、鱼体完整无损、无寄生虫感染、规格为全长 5~6 cm，放养密度为 $3\times10^3 \sim 5\times10^3$ 尾 / 立方米。

2. 投喂策略

大泷六线鱼大规格苗种的饵料以配合饵料为主。配合饵料是以水生动物的营养生理特点为基础，根据水生动物不同生长发育阶段的营养需要，把能量饵料、蛋白质饵料、矿物质饵料等多种营养成分按比例配合，通过渔用饵料机械加工，制成的营养全面、适口性好的复合性成品饵料。营养均衡全面，利用率高。加工过程中消除原料中的不利的消化物质，而且通过添加诱食剂和淀粉糊化工艺，使饲料的适口性及在水中的稳定性大大提高，从而使鱼吃得多，消化得好，残饵少，比用天然饵料减少了对水质的污染。同时由于在饲料加工中有高温高压处理，能杀灭原料中的寄生虫卵和病原菌，还可通过添加中草药和抗生素，使配合饵料具有防病治病的作用。配合饵料含水量少，添加了抗氧化剂、防霉剂等，可以延长保存期。可做到常年制备，不受季节和气候的限制，从而保障了供应，养殖者可以随时采购，运输和保管极为方便。

目前养殖的海水鱼类大多数是肉食性的，对蛋白质的需求量较高，最适需求量在 45%~55% 之间，大泷六线鱼饲料中亦需要较高的蛋白质含量。蛋白质是影响增重率最重要的因素，其次为脂肪、糖类，钙磷比对增重率的影响最小。应根据鱼苗大小选择规格合适的全价配合饵料进行投喂，以粒径适口为宜（表 5–2）。日投喂量为鱼体重的 8%~10%，日投喂 4~6 次。坚持“定时、定点、定量”的投喂原则，采用“慢、快、慢”的投喂策略，即开始慢投喂，将鱼苗吸引大量摄食后快速投喂，即将吃饱时慢投喂到停止投喂。

表 5–2　苗种规格与饲料粒径关系

苗种规格（cm）	饲料粒径（mm）
5 ~ 6	1.0 ~ 1.5
6 ~ 8	2.0
8 ~ 10	3.0
10 ~ 15	4.0

3. 培育管理

培育用水一般为砂滤海水，水温控制在 16℃~17℃，盐度 29~31，溶解氧 6 mg/L 以上，光照强度 500~1000 Lx，连续充气，采用 24 h 长流水培育，日流水量为 4~6 个全量。由于在培育池内投放隐蔽物，池底在一段时间内会沉积残饵和粪便，应坚持每天吸底 1 次，每 15 天倒池一次。结合倒池，规格差异较大的苗种要分池培育，并根据苗种生长情况及时降低培育密度

表 5-3　苗种规格和培育密度关系

苗种规格（cm）	培育密度（尾 / 立方米）
5 ~ 6	3×10^3 ~ 5×10^3
6 ~ 8	2.5×10^3 ~ 3×10^3
8 ~ 10	1.5×10^3 ~ 2×10^3
10 ~ 15	0.8×10^3 ~ 1×10^3

（表 5-3）。当大规格苗种全长达到 15 cm 以上时，即可转入海上网箱进行成鱼养殖。

四、大泷六线鱼苗种形态性状与体质量的相关性及通径分析

鱼类的人工繁育中，亲鱼质量直接影响人工繁育的成功率，是人工繁育成功的关键。亲鱼在良种选择的基础上，体质量性状是最主要的衡量指标，其次为全长、体长、体高等其他可测量的形态性状。在实际生产中，由于体质量的测量容易受海水等因素的影响，容易产生误差导致数据不准确，影响选育效果。鱼体的形态性状与体质量之间存在一定的关联性，可以通过测量一定的形态性状得到体质量数据，更为快捷和准确。所以，通过形态性状的测量，采用回归分析和通径分析的方法研究形态性状对体质量的影响方式和作用大小，可以对养殖群体中具有生长优势的个体进行筛选，进而达到辅助选种的目的。

在大泷六线鱼人工繁育苗种成功的基础上，我们进一步对人工繁育苗种形态性状与体质量之间的关系进行了研究分析。通过对 6 月龄和 18 月龄大泷六线鱼人工繁育苗种群体进行体质量和形态性状的测量，利用相关分析和通径分析，研究了 8 个形态性状与体质量的关联程度。深入分析了各形态性状对体质量的直接作用和间接作用，从而确定对大泷六线鱼体质量起主要影响作用的形态性状，建立大泷六线鱼形态性状与体质量的多元回归方程，为下一步大泷六线鱼的选育提供科学依据。

1. 形态性状表型数据描述性统计

分别以6月龄和18月龄的大泷六线鱼人工繁育后代群体为研究对象，随机各选取150尾，用丁香油进行麻醉，然后用游标卡尺准确测量每一尾试验鱼的8个形态性状，分别为全长（X_1，cm）、体长（X_2，cm）、体高（X_3，cm）、体宽（X_4，cm）、头长（X_5，cm）、躯干长（X_6，cm）、尾柄长（X_7，cm）、尾柄高（X_8，cm），精确到小数点后2位，用电子天平准确测量体质量（Y，g）。

各性状表型测量值用Excel进行初步统计整理，然后利用SPSS19.0软件对形态性状和体质量进行描述性统计。分析表明，6月龄大泷六线鱼的8个形态性状中，体质量的变异系数最大，达26.26%，全长的变异系数最小（表5-4）；18月龄大泷六线鱼的8个形态性状中，体质量的变异系数最高，达31.79%，体长的变异系数最小，其余形态性状变异系数都在9%～18%之间（表5-5）。因此，若根据体质量来进行选择，可能会因为生活环境等因素导致体质量测量不准确，产生误差较大。应当选择变异系数越小的形态性状来进行间接选择，可以提高选择的准确度，保证选种效果。

表5-4　6月龄大泷六线鱼形态性状和体质量的描述性统计（n=150）

性状	样本数	最大值	最小值	平均值	标准差	变异系数（%）
X_1（cm）	150	10.44	6.35	8.60	0.72	8.38
X_2（cm）	150	9.98	5.36	7.56	0.69	9.17
X_3（cm）	150	2.34	1.18	1.81	0.21	11.48
X_4（cm）	150	1.38	0.48	1.02	0.17	16.15
X_5（cm）	150	2.35	1.22	1.88	0.19	9.96
X_6（cm）	150	2.52	1.34	2.04	0.22	10.97
X_7（cm）	150	1.18	0.31	0.81	0.12	15.44
X_8（cm）	150	0.93	0.13	0.63	0.08	13.38
Y（g）	150	13.37	3.39	7.13	1.87	26.26

表 5-5 18 月龄大泷六线鱼形态性状和体质量的描述性统计（n=150）

性状	样本数	最大值	最小值	平均值	标准差	变异系数（%）
X_1（cm）	150	23.88	13.23	19.55	1.95	9.95
X_2（cm）	150	20.95	11.65	17.06	1.61	9.46
X_3（cm）	150	5.22	2.32	3.82	0.54	14.09
X_4（cm）	150	3.78	1.23	2.30	0.43	18.84
X_5（cm）	150	5.98	3.02	4.43	0.51	11.42
X_6（cm）	150	5.32	2.45	4.16	0.56	13.34
X_7（cm）	150	2.45	0.95	1.55	0.25	15.92
X_8（cm）	150	2.52	1.12	1.74	0.27	15.70
Y（g）	150	199.05	25.55	100.74	32.02	31.79

2. 形态性状之间的相关性分析

采用 Pearson 法对 6 月龄和 18 月龄大泷六线鱼各形态性状进行表型相关性分析，从而获得各形态性状间的表型相关性系数。结果表明，6 月龄大泷六线鱼体长与体质量的相关性最高，其相关系数为 0.917，全长与尾柄长的相关系数最低，仅为 0.104。各形态性状与体质量间的相关系数大小依次为：体长 > 全长 > 躯干长 > 体高 > 体宽 > 头长 > 尾柄高 > 尾柄长，除尾柄长外，其他性状均达到极显著水平（$P<0.01$）（表 5-6）。18 月龄大泷六

表 5-6 6 月龄大泷六线鱼形态性状之间的相关性分析和显著性检验

	X_1	X_2	X_3	X_4	X_5	X_6	X_7	X_8	Y
X_1	1	0.888**	0.509**	0.558**	0.486**	0.643**	0.104	0.509**	0.846**
X_2		1	0.577**	0.571**	0.481**	0.633**	0.153	0.537**	0.917**
X_3			1	0.545**	0.453**	0.547**	0.395**	0.598**	0.669**
X_4				1	0.411**	0.581**	0.270**	0.521**	0.645**
X_5					1	0.559**	0.298**	0.417**	0.594**
X_6						1	0.282**	0.465**	0.693**

（续表）

	X_1	X_2	X_3	X_4	X_5	X_6	X_7	X_8	Y
X_7							1	0.469**	0.241**
X_8								1	0.573**
Y									1

**$P<0.01$ 表示变量之间存在极显著差异。

线鱼全长与体长的相关性最高，相关性系数为 0.967，头长与尾柄长的相关性最低，相关性系数为 0.381。各形态性状与体质量间的相关系数大小依次为：全长 > 体长 > 体高 > 体宽 > 躯干长 > 头长 > 尾柄高 > 尾柄长，各形态性状间的表型相关均达到极显著水平（$P<0.01$）（表 5-7）。

表 5-7 18 月龄大泷六线鱼形态性状之间的相关性分析和显著性检验

	X_1	X_2	X_3	X_4	X_5	X_6	X_7	X_8	Y
X_1	1	0.967**	0.849**	0.781**	0.782**	0.83**	0.544**	0.771**	0.936**
X_2		1	0.838**	0.761**	0.797**	0.832**	0.542**	0.782**	0.930**
X_3			1	0.829**	0.696**	0.803**	0.505**	0.681**	0.874**
X_4				1	0.688**	0.679**	0.425**	0.598**	0.812**
X_5					1	0.694**	0.381**	0.735**	0.799**
X_6						1	0.433**	0.561**	0.802**
X_7							1	0.594**	0.526**
X_8								1	0.798**
Y									1

** $P<0.01$ 表示变量之间存在极显著差异。

选定 8 个形态性状（除 6 月龄尾柄长）与体质量的相关系数均达到极显著水平（$P<0.01$），说明在大泷六线鱼的选育中，对形态性状进行选择，可以实现对体质量的间接选择。6 月龄和 18 月龄大泷六线鱼与体质量相关性最高的性状分别为体长（0.917）和全长（0.936），相关性最小的均为尾柄长，分别为 0.241 和 0.526。可以看出，同一种鱼类不同生长发育时期，影响其体质量的形态性状会有不同。

3. 形态性状与体质量的多元回归分析

采用逐步引入–剔除自变量的方法进行回归分析过程中各参数的变化情况，逐步地选择加入或剔除某个自变量，直到建立最优的回归方程。随着自变量被逐步引入，回归方程的相关系数 R 在逐渐增大。6 月龄与 18 月龄的 R 值分别从 0.917、0.936 增加到 0.947、0.957，标准估计误差也分别从 0.751、11.330 逐渐降低为 0.614、9.471，表明引入的自变量对体质量的作用在增加（表 5–8，表 5–9）。

表 5–8　6 月龄大泷六线鱼模型汇总

步骤	相关系数（R）	决定系数（R^2）	较正决定系数	标准估计误差
第 1 步	0.917[a]	0.841	0.840	0.751
第 2 步	0.934[b]	0.872	0.869	0.678
第 3 步	0.943[c]	0.889	0.887	0.631
第 4 步	0.947[d]	0.896	0.893	0.614

预测变量（常量）：a）体长（X_2）；b）体长（X_2）、头长（X_5）；c）体长（X_2）、头长（X_5）、体高（X_3）；d）体长（X_2）、头长（X_5）、体高（X_3）、体宽（X_4）

表 5–9　18 月龄大泷六线鱼模型汇总

步骤	相关系数（R）	决定系数（R^2）	较正决定系数	标准估计误差
第 1 步	0.936[a]	0.877	0.876	11.330
第 2 步	0.948[b]	0.899	0.897	10.300
第 3 步	0.954[c]	0.91	0.909	9.711
第 4 步	0.957[d]	0.915	0.913	9.471

预测变量（常量）：a）全长（X_1）；b）全长（X_1）、体高（X_3）；c）全长（X_1）、体高（X_3）、尾柄高（X_8）；d）全长（X_1）、体高（X_3）、尾柄高（X_8）、体宽（X_4）

采用逐步法构建多元回归方程，得到了各自变量的非标准化回归系数、方程截距、标准化偏回归系数（即通径系数），及相对应的显著性检验结果。结果表明，6 月龄大泷六线鱼形态性状对体质量的通径系数为：P_{X_2}=0.706、P_{X_3}=0.136、P_{X_4}=0.107、P_{X_5}=0.150；18 月龄大泷六线鱼形态性状对体质量的通径系数为：P_{X_1}=0.538、P_{X_3}=0.188、P_{X_4}=0.131、P_{X_8}=0.177，对各偏回归系数的检验结果为所有形态性状的偏回归系数的显著性的检验结果均达到极显著水平（$P<0.01$）（表 5-10，表 5-11）。

表 5-10　6 月龄大泷六线鱼回归系数结果

变量	非标准化回归系数		标准化偏回归系数	t	显著性
	偏回归系数（B）	标准误差			
(常量)	−13.54	0.625		−21.674	0.000
X_2	1.905	0.098	0.706	19.362	0.000
X_5	1.499	0.318	0.150	4.716	0.000
X_3	1.222	0.318	0.136	3.837	0.000
X_4	1.211	0.392	0.107	3.087	0.002

表 5-11　18 月龄大泷六线鱼回归系数结果

变量	非标准化回归系数		标准化偏回归系数	t	显著性
	偏回归系数（B）	标准误差			
(常量)	−173.415	8.598		−20.169	0.000
X_1	8.850	0.898	0.538	9.860	0.000
X_3	11.180	3.163	0.188	3.535	0.001
X_8	20.749	4.458	0.177	4.654	0.000
X_4	9.650	3.311	0.131	2.914	0.004

方差分析结果表明，6 月龄与 18 月龄的 F 值分别为 312.421、392.499，回归方程均达到极显著水平（$P<0.01$）（表 5-12，表 5-13），说明自变量与因变量之间存在显著性差异，具有统计学意义都应留在方程中，被纳入两个模型的自变量对体质量的决定系数 R^2 分别为 0.896、0.915，说明模型所纳入的自变量对体质量有较大的决定作用，可建立多元线性回归方程。

表 5-12　6 月龄大泷六线鱼多元回归方程的方差分析

组分	总平方和	自由度	均方	*F* 值	显著性
回归	470.656	4	117.664	312.421	0.000
残差	54.61	145	0.377		
总计	525.266	149			

表 5-13　18 月龄大泷六线鱼多元回归方程的方差分析

组分	总平方和	自由度	均方	*F* 值	显著性
回归	140 824.773	4	35 206.193	392.499	0.00
残差	13 006.139	145	89.698		
总计	153 830.911	149			

由此得出，以形态性状为自变量，体质量为因变量的多元回归方程可分别写为：

6 月龄：$Y=-13.54+1.905X_2+1.222\ X_3+1.211X_4+1.499X_5$

18 月龄：$Y=-173.415+8.85X_1+11.18X_3+9.65X_4+20.749X_8$

4. 形态性状与体质量之间的通径分析

通径系数即为多元回归分析中获得的标准化偏回归系数，不同形态性状对体质量的直接作用（通径系数）有所差异。6 月龄大泷六线鱼形态性状的通径系数最大的达 0.706，18 月龄的通径系数最大为 0.538，通径系数最小的分别为 0.107 和 0.131（表 5-14，表 5-15）。由此可知，不同形态性状对体质量的影响作用存在较大差别，采用通径分析方法对各形态性状对体质量的作用研究具有重要意义。

6 月龄大泷六线鱼体长对体质量的通径系数最大，为 0.706，说明其对体质量的直接作用最大，体宽最小。在所有的间接作用中，体高通过体长对体质量的间接作用最大，为 0.407，除了体长，其余三个性状通过其他形态性状对体质量的间接作用总和大于其自身对体质量的直接作用。

表 5–14　形态性状对 6 月龄大泷六线鱼体质量的通径系数及作用分析

变量	相关系数	通径系数	间接通径系数				
			总和	X_2	X_5	X_3	X_4
X_2	0.917**	0.706	0.211		0.072	0.078	0.061
X_5	0.594**	0.150	0.446	0.340		0.062	0.044
X_3	0.669**	0.136	0.533	0.407	0.068		0.058
X_4	0.645**	0.107	0.539	0.403	0.062	0.074	

** $P<0.01$ 表示变量之间存在极显著的差异。

表 5–15　形态性状对 18 月龄大泷六线鱼体质量的通径系数及作用分析

变量	相关系数	通径系数	间接通径系数				
			总和	X_1	X_3	X_8	X_4
X_1	0.936**	0.538	0.406		0.168	0.136	0.102
X_3	0.874**	0.188	0.687	0.457		0.121	0.109
X_8	0.798**	0.177	0.621	0.415	0.128		0.078
X_4	0.812**	0.131	0.682	0.42	0.156	0.106	

** $P<0.01$ 表示变量之间存在极显著的差异。

18 月龄大泷六线鱼全长对体质量的通径系数最大，为 0.538，体宽最小，为 0.131。在所有的间接作用中，体长通过全长对体质量的间接作用最大，为 0.457，除了全长，其余的形态性状通过其他性状对体质量的间接作用总和均大于其自身对体质量的直接作用。其他形状通过全长作用于体质量的间接作用均大于通过其他形态性状的作用。

5. 形态性状对体质量的决定程度

统计得出各形态性状对体质量的决定系数（表 5–16，表 5–17），对角线上是各形态性状对体质量的单独决定系数，对角线以上为两个形态性状对体质量的共同决定系数。6 月龄和 18 月龄大泷六线鱼形态性状对体质量的总决定系数分别为 0.899 和 0.916，说明对体质量有影响的形态性状除了本次研究的几个外，仍有其他因素能影响大泷六线鱼的体质量。6 月龄大泷六线鱼体长的决定作用最大，其决定系数为 0.5，体宽的决定作用最小，决定系数为 0.011；18 月龄大泷六线鱼全长的决定作用最大，决定系数为 0.29，体宽的决定作用最小，决定系数为 0.017。在两个形态性状共同决定系数中，6 月龄大泷六线鱼体长和体高对体质量的共同决定作用最大，决定系数为 0.112；18 月龄大泷六线鱼全长和体高对体质量的共同决定作用最大，决定系数为 0.172。

表 5-16　6 月龄大泷六线鱼形态性状对体质量的决定系数

性状	X_2	X_5	X_3	X_4
X_2	0.5	0.102	0.112	0.086
X_5		0.023	0.018	0.013
X_3			0.018	0.016
X_4				0.011
总决定系数				0.899

表 5-17　18 月龄大泷六线鱼形态性状对体质量的决定系数

性状	X_1	X_3	X_8	X_4
X_1	0.29	0.172	0.147	0.11
X_3		0.035	0.045	0.041
X_8			0.031	0.028
X_4				0.017
总决定系数				0.916

根据决定系数和通径系数的分析结果可知，6 月龄大泷六线鱼的体长、头长、体重、体宽和 18 月龄的全长、体高、尾柄高、体宽这几个形态性状对体质量的直接作用均达到极显著水平（$P<0.01$）。决定系数越大，表明该形态性状与体质量的关系越大，6 月龄对体质量决定程度最大的为体长和体高，两两决定系数中体长和体高的决定系数最大；18 月龄体质量决定程

度最大的为全长和体高，两两决定系数中全长和体高的决定系数最大。6月龄和18月龄中共同决定系数最大的形态性状中都有体高，说明在对不同月龄大泷六线鱼进行选育时，除了对决定程度大的形态性状进行重点把握外，还应考虑体高这一形态性状，保证亲本选择的有效性。

当各自变量对因变量的总决定系数达到0.85时，可初步判定影响因变量的主要形态性状。6月龄和18月龄大泷六线鱼进入回归方程的4个形态性状的总决定系数分别为0.899和0.916，可以确定找到影响体质量的主要形态性状。6月龄和18月龄大泷六线鱼的体质量89.9%和91.6%的变异是各自由4个自变量决定的，仍有10.1%和8.4%的变异是由其他没有考虑到的因素及随机误差引起的。

6. 通径分析对大泷六线鱼苗种选育的指导意义

相关系数是由性状间的相关性分析得到的，它可反映形态性状与体质量之间的相互关系，但无法区分形态性状对体质量的直接作用与通过其他形态性状对体质量的间接作用，没有说明各个性状具体的作用大小，不能全面考察变量间的相互关系。多元回归分析在一定程度上能够消除变量间的混淆，但由于偏回归系数带有单位，无法直接进行自变量对因变量的作用比较，需要对偏回归系数进行标准化处理，即通径分析。通径分析能将自变量和因变量之间的相关系数剖分为直接作用和间接作用，能全面地反映原因对结果的相对重要性。通径系数即标准化的偏回归系数，表示形态性状对体质量的直接作用大小，间接作用表示某个形态性状通过其他形态性状对体质量实现间接作用的大小。可见，通径分析具有相关分析和回归分析不具备的优势，能够对形态性状对体质量的作用进行深入剖析。仅通过形态性状的表型相关性分析得到的系数判断各形态性状对体质量的影响结果不准确，只有通过通径分析将相关系数剖分为直接作用和间接作用，才能进一步找出对体质量影响的主要形态性状。

6月龄和18月龄大泷六线鱼的8个形态性状与体质量的相关系数均达到极显著水平（$P<0.01$）。经过回归分析和通径分析，在8个形态性状中，

6月龄大泷六线鱼剔除了全长、躯干长、尾柄长、尾柄高，筛选出体长、头长、体高、体宽4个对体质量具有统计意义的形态性状，对体质量具有较大影响作用，其中体长对体质量的影响最大。18月龄大泷六线鱼剔除了体长、头长、躯干长、尾柄长筛选出全长、体高、尾柄高、体宽4个对体质量具有统计意义的形态性状，对体质量具有较大影响作用，其中全长对体质量的影响较大。

由此看出，在以体质量为目标性状对大泷六线鱼进行生长性状选择育种时，应结合体长和全长来进行间接选择。从两两决定系数来看，6月龄体长和体高的决定系数最大，18月龄全长和体高的决定系数最大，同时6月龄和18月龄大泷六线鱼分别筛选出的对体质量有显著影响的4个形态性状中，都有体宽这一形态性状，因此在对大泷六线鱼苗种进行选育时，除了考虑全长和体长这两个重要的形态性状外，还应结合体高和体宽两个形态性状来进行间接选择。由于形态性状的变异系数较体质量小，可以降低仅以体质量为指标进行选择时而产生的误差，从而较好地保证选育效果。综上所述，在进行大泷六线鱼选择育种工作时，应以体质量为重点标准，以全长、体长、体高、体宽等形态性状为辅助进行选择，保证大泷六线鱼的选育效果。

五、全人工苗种繁育技术

大泷六线鱼繁育中，将人工繁育的苗种培育成人工亲鱼，再对人工亲鱼优选和生殖调控，进行人工育苗的整个过程称之为全人工育苗。以往大泷六线鱼的亲鱼来源主要依靠采捕野生亲鱼，由于自然资源不断减少，导致野生亲鱼的群体逐渐缩小。除受自然资源短缺限制之外，野生亲鱼的驯化比较困难，同时捕捞、运输均有一定死亡率，大大浪费了自然资源。随着2010年大泷六线鱼苗种人工规模化繁育技术的突破，培育使用全人工亲鱼繁殖成为现实，有力地保证了大泷六线鱼亲鱼的来源和数量，保护了自然资源。

1. 全人工亲鱼培育

培育优质亲鱼是全人工繁育成功的关键，亲鱼质量的好坏直接影响人工繁育的成败。2013年，项目组首次开展大泷六线鱼全人工繁育，采用亲鱼为2010年人工繁育获得的F1代（其亲本为野生海捕亲鱼）。F1代苗种培育成功后，进行一年的室内工厂化大规格苗种培育，于2012年5月挑选培育后的大规格苗种1万尾移入海上网箱养殖。2013年10月，海区养殖大泷六线鱼逐渐成熟，起捕后挑选全长30 cm以上、健康活泼的成鱼800尾，采用活水车运输至青岛进行室内培育，作为全人工亲鱼待产。全人工亲鱼群体大，数量充足，个体均匀，发育良好，最终筛选用于全人工繁育亲鱼558尾，其中雄鱼231尾，雌鱼327尾。

经统计，大泷六线鱼F1代全人工亲鱼初孵仔鱼平均全长（0.6 ± 0.09）cm，平均体重（5 ± 0.8）mg；2011年3月，经过4个月苗种培育，平均全长（6.3 ± 1.1）cm，平均体重（1.7 ± 0.4）g；2012年5月，经过大规格苗种培育期移入网箱养殖，平均全长（16.2 ± 2.0）cm，平均体重（46.2 ± 6.8g）；2012年11月，海上网箱养殖半年后，平均全长（26.1 ± 2.4）cm，平均体重（309.8 ± 11.7g）；2013年10月，再经1年海上养殖，进入大泷六线鱼繁殖季节，部分F1代成鱼开始成熟，平均全长（32.5 ± 3.1）cm，平均体重（680.6 ± 14.9g）（图5-18）。

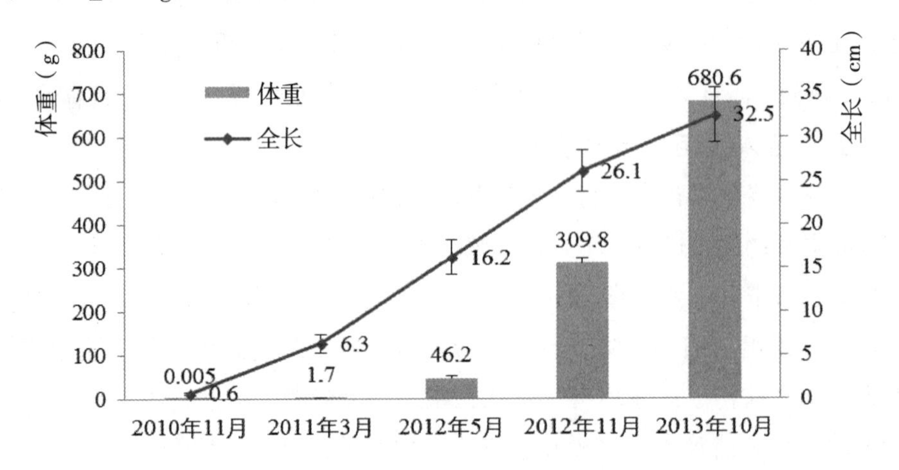

图5-18　大泷六线鱼F1代生长情况

2. 全人工亲鱼优选

全人工亲鱼必须选择具有优良的种质特征和生长性状的个体。体色正常，体形完整，健壮无伤，活动敏捷，摄食旺盛，生长速度快，年龄与规格适宜。一般要求雌鱼3龄以上，体重400 ~800 g；雄鱼2龄以上，体重300 ~500 g。

第五节 基础设施

大泷六线鱼育苗场与其他海水鱼类育苗场建设基本相似，主要设施设备包括育苗车间、生物饵料车间和供水系统、供气系统、供热系统、供电系统，以及配套实验室和生活区等。

一、育苗车间

育苗车间是育苗场的主体设施。要因地制宜，车间设计应根据生产具体要求合理布局，简洁实用。育苗车间和亲鱼培育车间可独立设置，也可在联体车间内分区设置。单个车间的占地面积一般500～1 000 m^2，顶部采用顶棚遮光，并做保温处理。车间内设孵化池、苗种培育池、大规格苗种培育池等。

1. 孵化池

孵化池用于大泷六线鱼受精卵的孵化，为圆形、方形或长方形水泥池，面积10～20 m^2，深1.0～1.5 m，进排水通畅，充气等操作便捷。

2. 苗种培育池

室内苗种培育池一般采用面积10～20 m^2，深1.0～1.2 m的圆形或方形抹角水泥池，根据各生产单位的具体情况而定。

3. 大规格苗种培育池

大规格苗种培育池为半埋式水泥池，圆形或方形抹角，面积20～30 m^2，深1.0～1.2 m，底部中央排水，坡度8%～10%。进水口2个，按切线方向对角设计，以便使池水的整体旋转流动和增加自动冲刷清底能力。

二、生物饵料车间

生物饵料车间分为藻类保种室、单胞藻培育池、动物性饵料培育池。单胞藻培育池和动物性饵料培育池要独立分区，避免交叉污染。

1. 藻类保种室

保种间具有良好采光、保温和通风功能，面积约 30 ㎡。各种规格三角烧瓶和细口瓶组成的培养架若干排，生产中亦可以采用透明、耐高温的矿泉水桶替代（图 5–19）。

图 5–19 单胞藻保种室

2. 单胞藻培育池

饵料车间内有多个长方形或方形的二级、三级生产池。二级生产池体积 5 ~ 10 m^3，三级生产池体积 15 ~ 25 m^3，深 0.5 ~ 0.8 m，配备进水管、充气等设备。有条件的单位可以配备单胞藻高密度培养装置光生物反应器，提高单胞藻的生产能力（图 5–20）。

图 5–20 单胞藻光生物反应器培育

3. 动物性饵料培育池

图 5–21 轮虫培养池

动物性饵料培育池包括轮虫培养池和卤虫孵化池（槽）。轮虫培养池一般为圆形或方形水泥池（图5–21），体积为20～30 m^3，深0.8～1.2 m，配有供水、充气等设备。

卤虫孵化池（槽）一般为水泥池、锥形底圆筒状的玻璃钢水槽，体积0.5～1.0 m^3，用于卤虫卵的孵化和营养强化，若干个。

三、辅助设施

1. 供水系统

育苗场的供水系统包括给排水系统和水处理系统，运转良好的供水系统是保证育苗生产顺利进行的重要保障。

（1）给排水系统

育苗场的给水系统由水泵和管道系统等组成。海水养殖使用耐腐蚀水泵，根据条件选用离心泵、轴流泵及潜水泵等。一般配有2台，供轮流使用或备用。管道系统多采用硬聚氯乙烯管，聚氯乙烯管的连接应采用承插法，用黏结剂处理接口。排水系统多为地沟排放，养殖废水需经集中处理后才能排放，有条件的单位可通过水处理系统将养殖废水净化处理后循环使用。

（2）水处理系统

一般水处理设施包括沉淀、过滤、消毒等设施设备。沉淀池为圆形或者方形的大型水泥池，总容量应为育苗场最大日用水量的4～5倍，沉淀池数量应不少于2个，以便清洗消毒和交替使用。沉淀池最好修建成高位水池，一次提水自流供水，可大大节约能源。

过滤设备种类主要有沙滤池、沙滤罐及重力式无阀沙滤池等，有条件的单位配有蛋白质分离器和生物滤池用于养殖水处理。目前，海水养殖中应用最多的是以沙为滤料的快速滤池，简便而高效。

用于海水消毒的主要方法有两种：一种是紫外线消毒，一种是臭氧消毒。通过消毒处理可以有效杀死水中有害病原生物，保证水质，提高育苗成活率。

2. 供气系统

鱼的生长需要耗氧，残余饵料的分解需要耗氧，鱼的代谢产物的分解需要耗氧。在苗种培育和成鱼养殖过程中，水体中溶解氧含量的多少，影响育苗和养殖的效果，对育苗和养殖的结果起着重要作用。因此，增氧是水产养殖系统的一个关键性问题。供气系统（增氧系统）是水生生物育苗生产中氧气供应的重要保障，一般育苗场的增氧方式包括机械增氧和纯氧增氧。

（1）机械增氧

机械增氧设备有罗茨鼓风机、空气压缩机、多级离心鼓风机和微型电动充气泵等。具体的充气措施可在无阀滤池内、供水管道上和养殖池中采用不同方式充气增氧。如在无阀滤池内采用U形扩散式增氧装置；在供水管道上采用喷射式增氧器；在育苗和养殖池内采用气泡扩散式增氧设备等。

（2）纯氧增氧

国内外规模较大的养鱼场，大都采用纯氧进行增氧。纯氧与机械增氧相比，具有许多优点：一是省电；二是可使水体溶解氧达到超饱和状态，从而提高养殖密度；三是可为水体中各种代谢产物的氧化提供氧源，使水体净化得更彻底，改善水环境，使鱼生长加快，降低饵料系数，减少病害的发生。缺点是成本较高，投资较大，特别是纯氧的运输、储存要有专业设备。

3. 供热系统

大泷六线鱼人工繁育季节在秋、冬两季。为了保证育苗对水温的要求，使苗种在最佳温度条件下生长发育，加快生长速度，育苗场应该配备升温、保温系统。根据国家环保政策及节能减排要求，作为主要升温、保温设备煤锅炉已经在海水养殖中停止使用，利用新能源、开发节能技术在海水工厂化养殖业中的产业需求越来越明显。目前，对育苗水体进行升温、保温可采用电厂余热、地热、太阳能、天然气等方式，各育苗场和养殖场可根据自身条件灵活设计、配合利用。此外，通过换热器回收废水热能再利用，是节约能源的一个好途径。

育苗池加热海水一般有两种方式：一种是设预热池，一种是单独加热。单个预热池体积一般为300～400 m^3，将海水在预热池中加热，调整至所需温度，预热好的海水通过进水管道流入各育苗池使用。单独加热是在各个育苗池内均布设加热管，以独立阀门控制加热管调节池中水温。池中的加热管道可采用无缝钢管，最好使用不锈钢管或钛管，既可降低污染又可长期使用且无须经常维修。以上两种加热方式通常结合使用，灵活方便，满足育苗生产中对水温的要求。无论采取何种升温方式，大流量开放式、一次性利用海水的方案都是不可取的，会造成水资源、热资源的极大浪费。今后应大力推广使用半封闭或全封闭式循环水养殖模式。

4. 供电系统

一般海水育苗场的供电设计电源进线电压一般为10 kV，经架空外线输入场内变配电室。变配电室内安装降压变压器，将10 kV电压降到380V/220V，再经配电屏的低压配电，将电能输送到各个养殖车间的用电设备及照明灯具。一般需要自备1 ~2台柴油发电机，功率与育苗场用电量相匹配，最低保障充气、照明用电量。当外线停电时，自动空气开关切断外线路，人工启动或自动启动发电机组供电，保证各用电设备正常运转，以免造成损失。

四、检测与实验设施

1. 水质检测室

良好的水质是保证育苗成功的关键因素，因此水质检测应做到常态化、全覆盖，以便及时发现问题并对水质进行及时、必要的调节。常规水质检测项目有温度、盐度、pH、溶解氧、总碱度、总硬度、氨氮、亚硝酸氮、总磷、磷酸盐、化学耗氧量（COD）、生物耗氧量（BOD）、透明度等。

所需仪器有：温度计数台，比重计数支，电子天平（感量0.001 g和感量0.1 g）各1台，普通药物天平（感量0.5 g，最大量程250 g）1台，分光光度计1台，电导仪1台，恒温水浴器1套，蒸馏水发生器1台，离心机（0.6×10^4 r/min）1台，普通显微镜1台，便携式单项数字显示溶解氧、氨氮、pH仪器各1台，冰箱1台，烘箱1台。相应配置各式玻璃仪器及耗材等。

2. 病害检测室

按常见细菌性病、寄生虫病、营养生理性疾病检测项目设置。常用仪器有：高倍显微镜（带显微镜和摄像机）1台，超净工作台1台，恒温培养箱1台，细菌接种箱1台，高压灭菌器1台，高速离心机1台，药物试验水槽数组。相应配备各式玻璃器皿和药物。

3. 生物实验室

主要进行鱼苗生长发育及形态结构等的观察测量等，按生物学、生理学、生化等测定项目设置。常用仪器有：量鱼板2块，解剖器具（包括骨剪、解剖剪、解剖刀、解剖针等）数把，解剖盘2～4个，两脚规2个，游标卡尺1把，各式镊子（尖嘴、长柄、平头、圆头）数把，切片机1台，投影测量仪（配显示器和打印机）1台，普通显微镜（400～800倍）1台，解剖显微镜（1～20倍）1台，普通冰箱1台，超低温冰箱（–80℃）1台。相应配备标本、药品等。

第六节 生物饵料培养与营养强化

大泷六线鱼生产性育苗和养殖过程中，为保障不同阶段生长发育的营养需求，应当适时投喂适口饵料。仔、稚鱼期间主要投喂生物饵料，包括单细胞藻、轮虫、卤虫无节幼体等。生物饵料的培养及质量关系到苗种培育的成功与否，新鲜、量足的生物饵料供应才能保证苗种培育的顺利进行。作为苗种培育过程中的重要环节，在苗种培育开始之前，应该提前准备好生物饵料的培养工作。

一、单细胞藻培养技术

单细胞藻又称为微藻，其营养丰富，蛋白质含量高，氨基酸的种类组成及配比合理，脂肪含量高，富含动物需要的不饱和脂肪酸以及多种维生素，是水产养殖动物最理想的直接或间接饵料。虽然多数海水鱼类苗种不能直接摄食单胞藻，但在人工培育过程中投喂单胞藻具有不可或缺的作用。

大泷六线鱼苗种培育用单细胞藻一般以海水小球藻为主，用于轮虫的培养与营养强化，以及在苗种培养过程中培育水体透光度的调节。海水小球藻中含有丰富的二十二碳六烯酸（DHA）和二十碳五烯酸（EPA）等海水鱼类必需的不饱和脂肪酸，具有较高的营养价值，适温范围广，繁殖速度快，抗污染能力强。海水小球藻主要为微绿球藻（*Nannochloropsis oculata*），细胞呈球形或广椭球形，直径为2~4 μm，细胞中央有细胞核，内有杯状色素体，无细胞壁，无运动能力，繁殖方式为二分裂。在人工培养的情况下，条件优良，海水小球藻会变小一点。

单细胞藻的大量培养又称为生产性培养，需要建造专门的培育车间，配备控温、控光、充氧等设备，以提高生产规模和培养密度，为水产动物育苗提供优质、充足的植物性饵料。在苗种培育生产规模比较小的情况下，可以使用市售的活体浓缩单胞藻液，根据生产需要经稀释后投喂使用，简单便捷。

1. 藻种的分离和筛选

单细胞藻在培养过程中，在原种获得、培养以及因操作不当发生杂藻或原生动物污染的情况下，须进行藻种的分离和筛选，一般有毛细吸管法和小水滴法。

毛细吸管法是藻种分离最常用、最可靠的方法，但操作难度较高。取直径 5 mm 的细玻璃管，在酒精喷灯上加热，待玻璃熔融时，快速拉成口径极细的微吸管。将稀释适度的藻液水样，置载玻片上镜检，用微吸管挑选要分离的藻类细胞，仔细地吸出放入另一特制经消毒的小载玻片上，镜检这一水滴中是否有所需要分离的藻类细胞。如分离不成功，须反复操作，直到达到分离目的。

小水滴法是将盖玻片用小砂轮分割成 5 mm × 5 mm 的小块，灭菌后排列在已灭菌的载玻片上。在每块小玻片上滴上一滴含单胞藻的水样，水滴的大小以一个低倍视野能看清整个小水滴为宜。显微镜下，发现小水滴中有所需的藻细胞，用灭菌镊子将该玻片移进装有培养液的试管中培养即可。

2. 海水处理

单细胞藻培养对海水的要求非常严格，必须经过滤、煮沸及化学方法处理，除去或者杀死水中的敌害生物才能使用。海水小球藻一级培养一般采用过滤后煮沸消毒的海水；二级以上培养用水，以含 8% ~ 10% 有效氯的次氯酸钠消毒的过滤海水，并于 12 h 后用硫代硫酸钠中和后才可使用。中和后用淀粉 - 碘化钾试剂检测是否有余氯，如果不呈蓝色反应，即可加入营养盐肥料，搅匀后可接入藻种。

3. 培养液制备

单细胞藻生产性培养阶段所用水体较大，需用营养盐数量较大。考虑到生产成本等因素，营养盐应尽量使用工业级。海水小球藻培养液配方如下：

硝酸钠（$NaNO_3$）	60 g
磷酸二氢钾（KH_2PO_4）	4 g
柠檬酸铁（$FeC_6H_5O_7$）	50 mg
尿素	18 g
消毒海水	1 m^3

4. 培养程序

生产上，单细胞藻的培养按照培养的规模和目的可分为藻种培养、中继培养和生产性培养。

（1）藻种培养

在室内进行，采用一次性消毒法。培养容器为 100~5 000 mL 的三角烧瓶，瓶口用高压灭菌消毒的纸或纱布包扎，目的是用来培养和供应藻种。藻种培养阶段采用封闭式的静止培养，每天按时晃动三角烧瓶 6 ~ 8次。

（2）中继培养

目的是培养较大量的高密度纯种藻液，供应生产性培养接种使用。根据需要可分为一级中继培养和二级中继培养。一级中继培养的容器一般为 10 L 的细口玻璃瓶或者 10~20 L 的塑料矿泉水桶，要求封闭不通气，容器灭菌及培养方法同藻种培养方法相同。二级中继培养的容器为 0.2 ~ 0.4 m^3 的白色塑料桶或者 0.5 ~ 2 m^3 的小型水泥池，开放式充气培养，可以一次性培养，也可采取半连续培养。

（3）生产性培养

目的是为苗种培育提供饵料，一般在室内水泥池中培养。在需要供饵之前 7 ~ 10 d，将二级培养的藻种镜检后接种到三级水泥培养池中进行培养。接种量和培养液的比例为 1 ∶ 1~1 ∶ 3。

5. 日常管理

单细胞藻培养是一项细致的工作，必须按照规程严格操作，加强日常管理，避免敌害生物污染，以保证饵料培养的成功。

（1）搅拌和充气

单细胞藻培养过程中，要定时或者连续搅拌和充气，以增加水和空气的接触面，使空气中更多的二氧化碳溶解到水中，补充由于藻细胞光合作用对水中二氧化碳的消耗。另一方面，可以帮助沉淀的藻细胞上浮获得光照，防止沉淀的藻细胞粘连结块而死亡。此外，防止水面菌膜的形成，菌膜会抑制单胞藻的生长，引起沉淀甚至死亡。

（2）温度调节

海水小球藻在10℃～36℃温度范围内都能比较迅速地繁殖生长，最适生长温度为25℃。因此，在培养过程中应根据不同季节及时调整温度，冬季需要加热升温，夏季使用遮阴网防晒等措施降温。

（3）光照调节

不同的藻类对光照强度的要求不同，要根据天气情况及时调节光照，海水小球藻的适宜光照在5 000～10 000 Lx。光照强时，应采取遮光措施，光照弱时，可通过人工光源来调节。

（4）镜检

单细胞藻随着培养时间的延长，细胞数目会不断增加，水色会逐渐加深。如果水色不变或出现变暗、混浊、变清以及附壁、沉底等异常现象，应及时镜检查看是否有原生动物或杂藻的污染。生产中需每天定时取藻液在显微镜下检查。

（5）计数

在单细胞藻的培养过程中，要经常进行生长测量：一是掌握藻类的生长情况；二是为投饵提供参考，保证饵料质量。其中用得最多的是细胞计数板法，常用的计数仪器为血球计数板。

6. 敌害生物防治

单细胞藻的培养过程中，极易发生敌害生物的污染，而使饵料培养失败。敌害生物对单胞藻的危害，主要通过以下两个方式：一是直接吞食，如大型轮虫、尖鼻虫、变形虫等；二是通过分泌有害物质对单胞藻生长起抑制和毒害作用，如小白虫、微孢子虫等。

敌害生物，应以防为主，防治结合，尽可能减少其危害。在单胞藻培育日常工作中，必须严格遵守饵料培养的各项操作规程，做好藻种的分离、培养和供应工作，保持培养饵料的生长优势和生长数量。一旦发生敌害生物的污染，可以通过以下方法清除、抑制和杀灭敌害生物。

（1）过滤清除

单细胞藻个体都很小，对污染的大型敌害生物（如轮虫、桡足类等）可以用过滤的方法清除。通常清除轮虫可用250目的筛绢过滤，每天一次，连续数天即可清除。

（2）药物控制

当藻液中的细菌大量繁殖时，水面表层出现大量菌膜，藻细胞生长缓慢，镜检发现3～5个藻细胞成呈相互粘连状。可以施以青霉素10 000 U/L，疗程1～3 d，可有效抑制细菌生长，而对藻细胞无不良影响。藻液中出现尖鼻虫危害时，在藻液中加入0.003%的医用浓氨水，可有效杀灭尖鼻虫，不影响藻类细胞的生长繁殖。

（3）环境调控

当单细胞藻培养液中出现腹毛虫、尖鼻虫等大型原生动物时，通过向藻液中施以5×10^{-6}的次氯酸钠溶液，降低水体pH。经过1.5～2 h处理后镜检，原生动物已全部死亡，再用等量浓度的硫代硫酸钠中和。经处理的藻液一般在一两日后即恢复正常的生长、繁殖。

7. 投喂

在鱼类苗种培育过程中，早期培育阶段需要向育苗池中添加投喂海水小球藻，如果藻液密度较低，为保持育苗水体中单胞藻浓度则会添加过多藻液水体。由于藻液水体中过多的营养盐肥料没有被单细胞藻消耗彻底，随藻液的添加带入育苗池中，导致育苗池内氨氮量过大，影响鱼苗的成活。所以添加投喂的藻液密度要高，一般培养的海水小球藻浓度达到$2\ 000 \times 10^{5}$cell/mL以上，处于指数生长期的海水小球藻便可以添加投喂，老化的藻液禁止添加投喂。

二、轮虫培养技术

轮虫种类繁多，广泛分布于淡水、半咸水和海水水域中，是鱼类、甲壳类重要的天然生物饵料。海洋中轮虫大约有50种，多数生活于沿岸浅海区，目前在海水养殖中进行大量培养并用于海水动物人工育苗的多为褶皱臂尾轮虫（*Brachionus plicatilis*）。褶皱臂尾轮虫是海水鱼类工厂化育苗不可缺少的饵料生物，培养密度可达5 000 ind/mL以上。根据个体大小可分为L型轮虫（大型个体）和S型轮虫（小型个体），大泷六线鱼仔鱼口裂较大，生产中可选用L型轮虫进行培养，S型轮虫主要用于培育口裂较小的鱼类仔鱼。

1. 褶皱臂尾轮虫生物学

褶皱臂尾轮虫隶属轮虫纲（Rotifera）单巢目臂尾轮虫科（Brachionidae）臂尾轮虫属（*Brachionus*）（图5-22）。

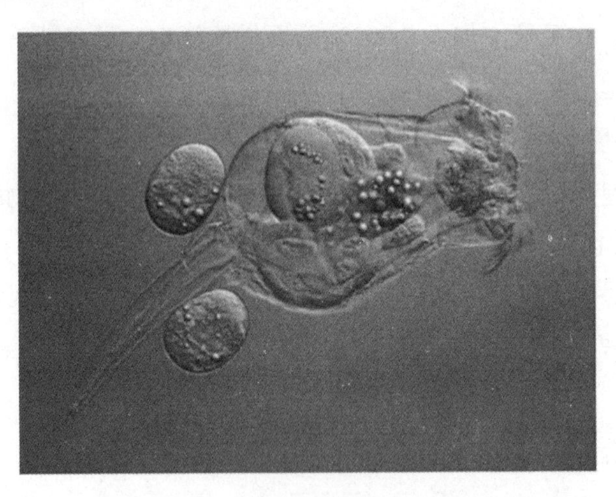

图5-22　褶皱臂尾轮虫

褶皱臂尾轮虫的生殖方式以孤雌生殖与有性生殖交替进行。当环境条件适宜时，主要进行孤雌生殖，雌体经有丝分裂产生二倍体的非混交卵（夏卵），大小为（56～130）μm×（48～96）μm，不需受精便可发育为二倍体的雌体，这种产非混交卵的雌体称作非混交雌体，只行孤雌生殖。在一定的环境条件刺激下（如温度、日照时间、食物、种群密度等，常称为混合刺激），二倍体的非混交卵便发育为混交雌体，混交雌体通过减数分裂形成单倍体的混交卵。混交卵如不受精便进行孤雌发育为单倍体的雄体，雄体经有丝分裂产生精子。混交卵与精子结合后则形成二倍体的休眠卵（冬卵）。休眠卵厚壁，能抵抗干燥、低温等不良环境，并不立即开始发育。在适宜的温度条件下，休眠卵孵化，且总是发育为非混交雌体（图 5-23）。

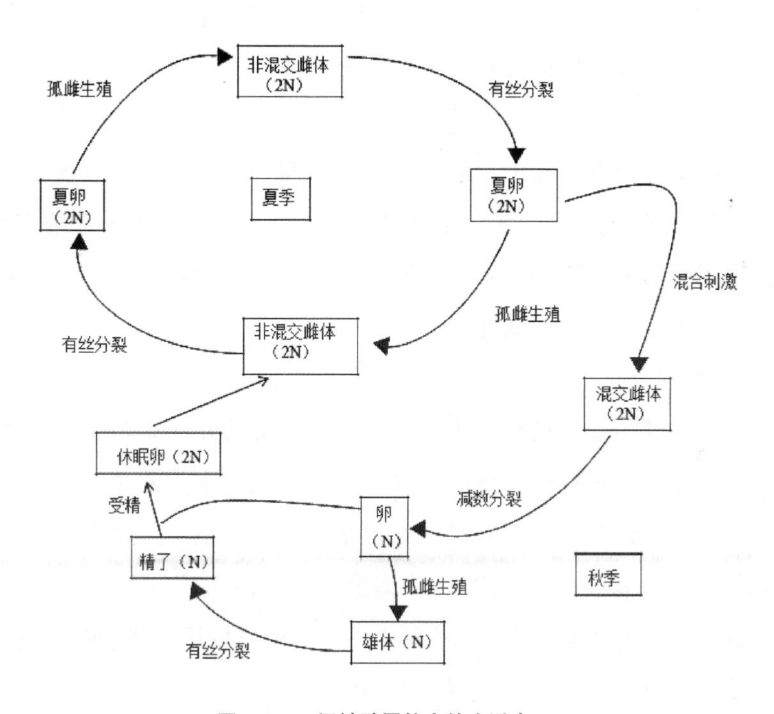

图 5-23　褶皱臂尾轮虫的生活史

温度是轮虫繁殖的重要因素。水温在 5℃时，轮虫停止活动和繁殖；10℃是轮虫繁殖的临界低温，轮虫在 10℃还有极低的繁殖能力和缓慢的活动能力；15℃~20℃轮虫的繁殖速度较为缓慢；25℃~35℃轮虫的繁殖速度随着温度的升高而加快，是轮虫繁殖的适温范围；40℃是轮虫生活和繁殖的临界高温，虽然也能少量繁殖，但是培养几天后就大量死亡。

2. 集约化培养

所谓集约化培养是指在室内进行轮虫的高密度培养，以满足育苗培育过程中的生产性需要。按照规模分为保种培养、扩大培养和大量培养等。

（1）培养容器

根据培养规模的不同，选择使用的容器也不同。一般保种培养选择各种规格的三角烧瓶、细口瓶等；扩大培养使用小型的玻璃钢桶；大量培养常用大型水泥池。小型培养容器可用高温消毒或者用盐酸消毒，大型的容器需要用次氯酸钠或高锰酸钾进行化学消毒。

（2）培养条件

为了获得高密度的轮虫，生产上尽量控制其培养条件在适宜的范围内，褶皱臂尾轮虫适宜的培育水温为25℃~28℃，适宜的培育盐度为15~25。轮虫的保种可使用消毒海水进行培养，以减少原生动物的污染。大量培养通常使用经沉淀、砂滤后的海水。

（3）充气

轮虫的保种培养在玻璃瓶中进行，一般不需要充气；扩大培养需定时轻轻搅拌，一方面使饵料分布均匀，另一方面可增加水中的含氧量；生产性大量培养水体较大，必须增氧充气。轮虫培养中充气量不宜过大，避免轮虫因缺氧而漂浮在水面上。单纯投喂单胞藻饵料，由于藻细胞在光合作用过程中释放氧气，充气量可小些，或者间歇充气。用酵母培养轮虫必须连续充气，酵母需要消耗氧气，但是充气量不宜过大。

（4）水质管理

轮虫的抗污染能力很强，对水质要求不高，单纯用单胞藻做饵料时，自接种至收获可以不换水。当用酵母培养轮虫时，由于残饵容易败坏水质，需要进行换水。使用250目筛绢制成的网箱，利用虹吸法滤出需要更换的培养水体，每日换水一次，换水量为30%~50%，然后补充等温的过滤海水。如果发现有大量的原生动物繁殖，需要对轮虫的培养水体进行彻底的更换，此时要进行倒池。将池内的轮虫用倒池网箱分次收集起来，并用过滤海水冲洗数遍去除杂质污物，然后转移到另一备好清洁海水的培养池内继续培养。

（5）投喂

轮虫常用的投喂饵料主要是单胞藻和酵母。单胞藻是培养轮虫的首选饵料，常用的单胞藻主要有小球藻、扁藻、微绿球藻、新月菱形藻等。虽然单胞藻是轮虫最理想的饵料，但是单胞藻的培养需要有大量的水泥池，需要花费大量的设备和人力，而且单一用单胞藻培养的轮虫密度较低，难以满足生产性苗种培育的需要，必须寻找高效、低成本的替代饵料。酵母是迄今为止发现的最好的替代饵料，生产上一般直接使用鲜酵母来投喂轮虫。鲜酵母需放在冰柜中储存，投喂前先在水中将冰冻的酵母块融化，充分搅拌制成酵母悬浊液，泼入培养轮虫的水体。酵母的投喂量一般按照每 100 万个轮虫 1 ~ 1.2 g/d，分 6 ~ 8 次泼洒投喂。

（6）生长检查

轮虫培养过程中，要经常检查生长情况的好坏，掌握轮虫的生长情况，并做好供给生产计划。每天上午，用烧杯取池水对光观察，检查轮虫的活动状况以及密度变化。轮虫游泳活泼，分布均匀，密度增大，则为生长情况良好；活动力弱，沉于底层，或集成团块状浮于水面，则表明情况异常，生长状态较差。除肉眼观察外，轮虫的培养需要经常用解剖镜或显微镜镜检并计数。生长良好的轮虫个体肥大，肠胃饱满，游动活泼，多数成体带有夏卵，一般 3 ~ 4 个，少的 1 ~ 2 个，多的 10 ~ 15 个。如果发现水体中轮虫身体附着污物，不带卵或带冬卵，雌体出现或水体中空壳增多等都是生长不良的表现。

（7）收获

一般经过 5 ~ 7 d 的培养，轮虫密度达到 200 ~ 300 ind/mL 时即可开始收获。利用虹吸法将池水用水管吸出，轮虫随水流入网箱内经过滤收集，再经营养强化后则可用来投喂鱼苗。

三、卤虫无节幼体

卤虫的无节幼体是海水鱼类、甲壳类苗种培育的优质生物饵料，营养丰富，蛋白质含量达 60%，脂肪含量达 20%，含有较高的高度不饱和脂肪酸，且无机元素 Se、Zn、Fe 等在壳中含量较为丰富，投喂效果要高于配合饲料。卤虫休眠卵经处理后，可以长期保存，运输与储存方便，从卤虫卵孵化到无节幼体只需 1 ~2 d，需要时可随时孵化获得卤虫无节幼体。无节幼体的外壳本身很薄，不需加工就可以直接投喂给水产养殖的幼体或者成体。在海水鱼类人工育苗生产中，卤虫无节幼体得到广泛的应用。

1. 卤虫生物学

卤虫俗称丰年虫、盐虫子，属节肢动物门(Arthropoda)甲壳纲(Crustacea)无甲目(Anostraca)盐水丰年虫科(Branchinectidae)卤虫属(*Artemia*)(图 5-24)。卤虫的颜色与生活环境有关，一般在盐度较高的水中呈红色，在盐度较低的水中呈灰白色。

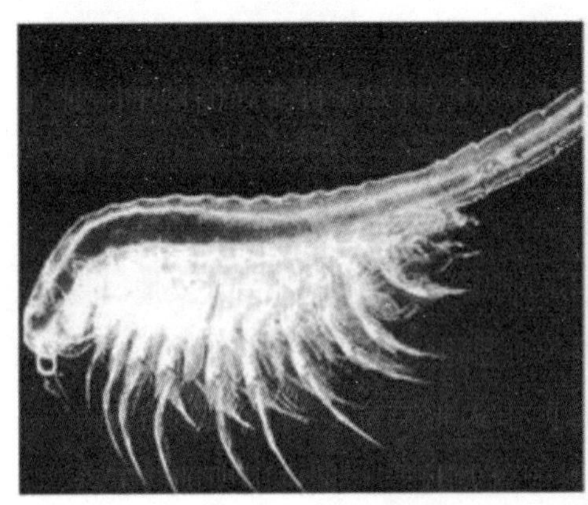
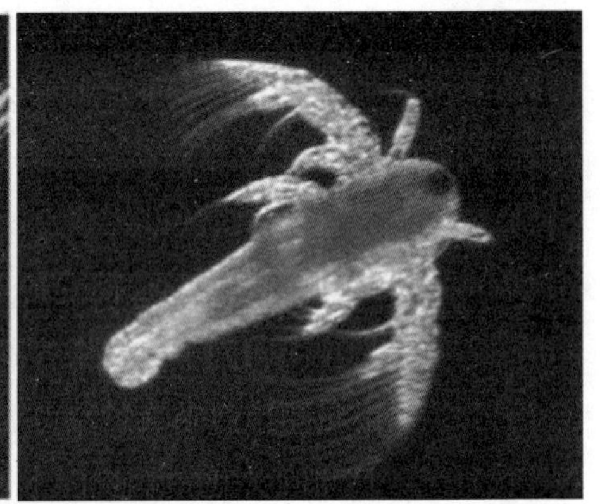

图 5-24　卤虫成虫和无节幼体

卤虫为了适应不同的生存环境，在长期的进化过程中获得了两种完全不同的生殖方式，即孤雌生殖和有性生殖。孤雌生殖无须完成受精便可产出孤雌生殖卵或称无性生殖卵。孤雌生殖卵一般出现在夏季，通过孤雌生殖卤虫可以在短期内实现大量繁殖，其无节幼虫在十几天内便可发育为成虫，成虫再进行孤雌生殖，从而在适宜的环境条件下获得快速的种群增长。有性生殖会产出两种不同的卵，一种发育为有性生殖雄体，另一种发育为有性生殖雌体。卤虫虫体细长，雌虫体长 1.0 ~1.3 cm，最大的可达 1.5 cm；

雄虫较小，一般体长 0.8 ~ 1.0 cm。雌雄交配后得到的卵称为有性生殖卵，也叫受精卵。

卤虫可以分为两类：孤雌生殖卤虫和有性生殖卤虫。一般认为，孤雌生殖卤虫和有性生殖卤虫即使生活在同一地区，也存在生殖隔离，但无论是有性生殖还是孤雌生殖，它们都具有两种生产方式即卵生和卵胎生。卵生是指子代以卵的方式自母体内产出，卵胎生是指子代自母体内产出时已孵化为小的无节幼体。孤雌生殖卤虫和有性生殖卤虫都能产生夏卵和冬卵，孤雌生殖卤虫无须受精便可产出夏卵和冬卵，而有性生殖卤虫必须完成受精后才能产出夏卵和冬卵。雌性卤虫在生长环境条件好时产夏卵，条件较差时产冬卵。夏卵在育卵囊内发育至无节幼体时才产出，此即为卵胎生，这种生殖方式能迅速增加卤虫的数量。冬卵（又称休眠卵）的外面包有一层厚厚的卵壳，是由卵壳腺分泌形成的，正是由于这种结构，能够使胚胎适应各种极其恶劣的环境，并在干燥的环境中得以长期保存。这种卵在雌体的育卵囊内发育至 3 000 ~ 4 000 个细胞即停止并进入滞育期，这就是我们生产中所使用的卤虫卵，产出后不经过一定条件的刺激不能孵化。

2. 卤虫休眠卵的孵化

（1）孵化容器

生产上一般使用一种专门为卤虫卵孵化特制的孵化桶，该孵化桶为玻璃钢结构，呈圆锥形，底部成漏斗状，孵化桶的容积一般为 500 ~ 1 000 L。根据实际情况，亦可使用容积合适的水泥池和玻璃钢水槽来孵化卤虫卵。

（2）孵化条件

孵化率是衡量卤虫卵质量和卤虫卵孵化效果的主要标准，是指孵化卵数占虫卵总数的百分比。除卤虫卵质量外，影响孵化率的因子主要有温度、盐度、pH、溶解氧、光照和孵化密度等因素。

卤虫休眠卵在 7℃ ~ 45 ℃的温度范围内均能孵化，且随着温度的升高，孵化速度提高。孵化的最适温度范围为 25℃~30℃，25℃以下孵化时间延长，温度低于 7℃或高于 45℃，休眠卵的代谢完全停止。不同地理品系的休眠卵，孵化时对温度的要求不同，在同一温度下，孵化所需要的时间也不一样。孵化过程中应保持恒温，以保持孵化的同步进行。如水温偏低，可用加热棒加温保持温度在孵化的最适范围内。

一般来说，卤虫卵在天然海水甚至在盐度为 100 的卤水中都能孵化，在盐度较低的海水中孵化率较高，最适盐度范围为 28 ~ 30。盐度大于 30 时，随着盐度的升高，孵化速度减慢，孵化率降低，而且幼体活力差。不同地理品系的卤虫休眠卵，孵化时对盐度的要求不同。

卤虫休眠卵孵化时适宜的 pH 范围为 8 ~ 9。卤虫无节幼体前期，孵化是由一种卤虫孵化酶引起的，这种酶最大活性的 pH 范围是在 8 ~ 9 之间。如果孵化时 pH 过低，可用 $NaHCO_3$ 溶液调节。

水中溶解氧含量的高低对卤虫休眠卵孵化影响很大，为了达到理想的孵化效果，溶解氧含量应维持在接近饱和状态。孵化时要在孵化桶的底部放置足够的气石，连续充气。为保证高密度下的孵化率，孵化前期应加大充气量，使水体翻滚，避免卵在孵化桶底堆积成团，造成局部缺氧影响孵化效果。当孵出无节幼体后，适当将充气量调小，以免造成无节幼体机械损伤。

光照不但影响卵的孵化率，而且影响卵的孵化速度。当休眠卵在水中浸泡吸水后，进行光照刺激可有效提高孵化率。综合考虑卤虫各个品系之间的差别，连续进行约 1 000 Lx 的光照可以获得最佳孵化效果。孵化时常采用人工光源，可用日光灯或白炽灯从孵化容器上方照明，并调节光照使之达到最佳光照强度。

优质卤虫卵（孵化率 85% 以上）的孵化密度一般不超过 5 g /L 干重。密度较大时需要增大充气，一般采用的卤虫卵孵化密度为 1 ~ 3 g/L 比较适宜，可以获得较高的孵化率，避免造成浪费。

卤虫卵壳表面上通常附着有大量的细菌、霉菌孢子及其他有害生物，这些生物在海水中生长与繁殖，并在投喂鱼苗时带入育苗池，容易造成感染，因此卤虫卵在孵化前应该进行消毒处理。通常将卵用 200×10^{-6} 的福尔马林溶液浸泡 30 min，或者 300×10^{-6} 的高锰酸钾溶液浸泡 5 min，或者用 200×10^{-6} 的有效氯浸泡 20 min。卵消毒后用清洁海水冲洗至无气味即可进行孵化。卤虫卵在孵化前最好用淡水浸泡 1～2 h，使虫卵充分吸水，可以加快孵化速度，减少孵化过程中的能量消耗，提高孵化率。

经过消毒、淡水浸泡的卤虫卵孵化前，需用高锰酸钾对孵化桶、充气管、充气石进行消毒，再加入经沉淀砂滤的海水至额定水位。在前述的孵化条件下，一般经过 24 ～36 h 即可孵出无节幼体。初孵出的无节幼体，品质最优，所含能量最高，需要及时进行收集与投喂。

（3）收集与分离

卤虫卵孵化是在高密度、高水温条件下进行的。经过较长时间的孵化，水质条件变差，如果不及时收集，会造成卤虫无节幼体大量死亡，应当及时收集与分离。首先停止充气，在孵化桶顶部覆盖一块黑布遮光，静置 20 ～30 min。在静止状态下，未孵化卵缓慢沉降于桶底，空壳上浮于表层。在孵化桶的底部漏斗出口处添加灯光，无节幼体具有趋光性则游向底部的漏斗状出口处集中。打开桶底的排水阀门，排掉最先流出的未孵化卵，然后再用 150 目的筛绢网袋收集卤虫无节幼体。

无节幼体收集后，需将混入的空壳和掺杂的未孵化卵分离出来，否则卵壳及坏卵被鱼苗吞食能引起死亡。分离方法一般采用趋光分离和相对密度分离相结合的方法。分离完成后，用清洁海水把无节幼体反复冲洗后再经营养强化后方可投喂。

（4）卤虫卵的脱壳处理

生产过程中，由于卵壳与卤虫无节幼体较难分离，投喂时不可避免掺杂一起投喂到育苗池中。这些卵壳一方面会因带有细菌或腐烂而引起水质污染导致鱼苗致病；另一方面会因鱼苗吞食导致肠梗死而引起死亡。卤虫休眠卵外面包被一层咖啡色硬壳，主要成分是脂蛋白和正铁血红素，可以被一定浓度的次氯酸盐溶液氧化除去，因此可将卤虫卵在孵化前进行脱壳处理（图 5-25）。

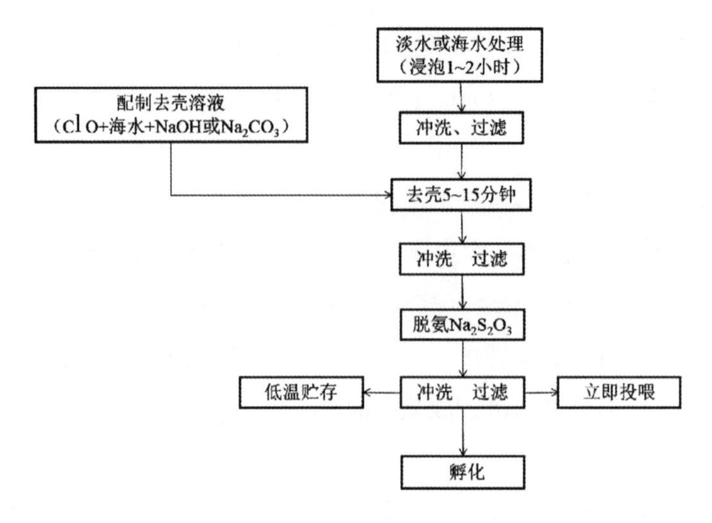

图 5-25 卤虫卵的脱壳过程

脱壳处理时，称取一定质量的卵，放在淡水中浸泡 1 ~ 2 h，卤虫卵吸水膨胀后呈圆球形，有利于脱壳。常用的脱壳溶液是由 NaClO、海水和 NaOH 按照一定比例配制而成。由于不同品系卤虫卵壳的厚度不同，脱壳时需要的有效氯浓度不同，一般每克干虫卵使用的有效氯为 0.5 g，脱壳溶液的总体积按每克干卵用 13 mL 的比例配制。配制脱壳溶液需调节 pH 在 10 以上，用 NaOH 调节，用量为每克干卵 0.13 g。举例说明，如果脱壳处理 1 000 g 卤虫卵，则需要 5 000 mL 的 NaClO 溶液（有效氯含量 10%），8 000 mL 海水，130 g NaOH，用来配成脱壳溶液。

脱壳时注意要不停地搅拌，此过程需要 5 ~10 min 完成。卵的颜色逐渐由咖啡色变成白色，最后变成橘红色即可，需要随时观察卵的颜色以判断脱壳的进程，时间过长会影响卵的孵化率。这种方式脱壳是一个氧化放热过程，要注意随时测量温度，防止温度超过 40℃，以免温度过高影响孵化率。必要时可采用添加冰块等方式冷却降温。脱壳后在卵的表面有大量余氯存在，用 150 目的筛绢网袋将脱壳卵收集后，再用硫代硫酸钠中和去除余氯，并用海水反复冲洗，直至闻不出氯味为止。脱壳处理后的卤虫卵，表面只有一层较薄的卵膜包被，可以直接放入海水中孵化无节幼体，也可以用来直接投喂，或者脱水后低温贮存备用。

四、生物饵料的营养强化

轮虫和卤虫无节幼体是海水养殖苗种生产过程中前期的重要生物饵料，其体内所含有的营养成分是否全面均衡，直接影响到苗种的生长及存活。海产鱼类苗种在生长发育过程中需要大量的高度不饱和脂肪酸（HUFA）的供应。HUFA对鱼类苗种具有重要的生物学意义，特别是二十碳五烯酸（EPA）、二十二碳六烯酸（DHA）和花生四烯酸（ARA）对初孵仔鱼的生长、发育及存活甚为重要。这些脂肪酸在构建细胞膜的磷脂双分子层、促进神经系统的发育上具有重要作用，EPA和DHA在苗种的发育中直接参与肝脏的形成与分化、幽门盲囊的发生、分化与形成。

海水鱼类苗种生产中，酵母以其使用方便、成本低廉已经成为大规模轮虫培养的首选饵料。但是研究发现，酵母培养的轮虫存在营养缺陷，在海水鱼类育苗中使用会导致鱼苗营养不良，特别是高度不饱和脂肪酸中EPA、DHA的缺乏，会造成大量的仔、稚鱼死亡。卤虫体内高度不饱和脂肪酸含量的提高，对改善卤虫作为饵料的营养价值亦甚为重要。因此，在保证生物饵料供应的前提下，摄入的生物饵料能否满足鱼苗生长发育的营养需求愈发显得重要。轮虫和卤虫作为滤食性动物，摄食方式为无选择性滤食。根据这一特性可以使其作为“营养载体”，通过控制摄食饵料的组成，在饵料中添加富含高度不饱和脂肪酸物质，改善轮虫和卤虫作为饵料的营养价值。苗种培育中对生物饵料轮虫和卤虫的营养强化培育，则是重要的技术举措。

营养强化的目的是为了使轮虫、卤虫大量富集高度不饱和脂肪酸（主要是EPA、DHA），通过鱼苗摄食进入体内，以有效地提高鱼苗的生长速度、抗病力和成活率。营养强化途径有两种：一是用富含EPA、DHA的海水单胞藻，如三角褐指藻、等鞭金藻、海水小球藻、微绿球藻等投喂轮虫，其中以海水小球藻、微绿球藻使用最为普遍；二是用富含EPA、DHA的人工强化剂，如乳化乌贼肝油、乳化鱼油、卵磷脂、裂壶藻等。通常两种方式结合使用，效果更佳。

1. 轮虫的营养强化

轮虫营养强化需在专用的圆柱形玻璃钢水槽中进行，体积 1 ~ 2 m^3，底部为锥形体漏斗状，用于排水收集轮虫，也可以使用小型水泥池来进行营养强化。强化时将强化水槽内加入单胞藻藻液，生产上一般选择使用海水小球藻，海水小球藻本身富含 EPA（35.2%）和 DHA（8.7%）。海水小球藻密度要求在 1 500 万 ~ 2 000 万 cell/mL，轮虫的强化密度控制在 500 ~ 1 000 ind/mL，强化水温 20℃，充气量 30 ~ 40 L/min 为宜。然后在藻液中加入人工强化剂，添加量依据不同品种强化剂的使用浓度和轮虫密度换算而定，可分数次投入。轮虫经 6 ~ 12 h 强化后，用 250 目筛绢网过滤收集后可用于投喂。

2. 卤虫无节幼体的营养强化

卤虫无节幼体营养强化使用的专用水槽同轮虫营养强化的专用水槽。强化时将强化水槽内先后加入海水小球藻与人工强化剂，卤虫无节幼体的强化密度控制在 50 ~ 100 ind/mL，强化水温 20℃，充气量 40 ~ 60 L/min 为宜。卤虫无节幼体通过摄食与附肢黏附鱼油颗粒而提高体内高度不饱和脂肪酸的含量，连续充气强化 12 h 后，用 150 目的筛绢网过滤收集后可用于投喂。

第六章

Chapter Six

大泷六线鱼网箱健康养殖技术

大泷六线鱼属于冷温性鱼类，主要摄食底栖虾类、蟹类、小型贝类及沙蚕类等，因其较耐低温，在北方海区养殖可以自然越冬。大泷六线鱼平时游动甚少，多底栖在近岸岩礁区，无互相残食现象。与花鲈、牙鲆等相比，大泷六线鱼寿命较长，生长速度较慢。秋季出生的仔鱼生长到翌年3月，全长可达5～6 cm。1龄之内生长速度很慢，1～3龄生长最快，3～5龄次之，5龄以后较慢。

大泷六线鱼性情温顺，活动范围小，喜群居，无互残现象，非常适合网箱养殖。但长期以来，用于养殖的大泷六线鱼苗种均来自海捕野生苗种。一方面，数量不稳定，难以满足大面积、高产量的人工养殖需求；另一方面，从自然界中采捕野生苗种用于人工养殖，本身就是对自然资源的破坏，与保护修复渔业资源理念相悖。随着大泷六线鱼规模化人工繁育技术的突破，养殖苗种的数量、质量有了可靠保证，为大泷六线鱼养殖产业的发展奠定了基础。目前，在山东、辽宁地区养殖规模不断扩大，大泷六线鱼逐渐成为网箱养殖的主要海水鱼类品种之一。

一、养殖海区的选择

大泷六线鱼网箱养殖海域需水质良好、天然饵料丰富，具有良好的地理环境和生态条件。一般选择海陆交通方便，水质清新、无污染，水流畅通、流向稳定、流速较低的半封闭海湾。养殖海区基本条件应满足：

①水质清新，海水盐度在29～32，相对较稳定，溶解氧在5 mg/L以上。

②水温适宜，大泷六线鱼属冷温性鱼类，耐低温，生存温度2℃～26℃，生长水温8℃～23℃，最适生长水温16℃～21℃。

③水流畅通但风浪不大，网箱内流速在0.3～0.5 m/s。

④养殖水深4～5 m的网箱内生长为好，最低潮时箱底与海底间距应保持在2 m以上，冬季水温相对偏低的海区其最低潮水深在8 m以上为佳。

⑤底质最好为沙砾质底，便于下锚或打桩。

⑥选择未污染或污染较轻、自净能力较强的海区。

⑦海陆交通应方便，便于苗种、饵料及成鱼的运输。

目前大泷六线鱼网箱养殖主要集中在辽宁省大连市长海县海域、山东省烟台市长岛县海域以及青岛市黄岛区近海等（图6–1）。以上海域均有大泷六线鱼野生资源分布，水质清澈无污染，养殖海区水深15～20 m，底质以

图6–1　大连长海县网箱养殖区

沙砾为主。

二、网箱设施

1. 网箱结构

网箱结构与规格根据生产规模和海况等条件确定，一般有深水网箱和普通网箱两种。

（1）深水网箱

深水网箱是设置在水深 15 m 以上较深海域的具有较强抗风浪能力的海上养殖网箱设施，具有强度高、韧性好、耐腐蚀、抗老化等优点。比普通网箱综合成本低，产品品质较好。深水网箱一般为圆形，周长 80 ~ 100 m，深 6 ~ 8 m，通常由框架、网衣、锚泊、附件等四部分组成。框架系统一般由高强度 HDPE 管材构成，具有良好的强度和韧性；网衣多采用先进编织工艺，强度高、安全性好、使用寿命长，一般对网衣进行防附着处理，以降低人工清洗和换网的频率（图 6–2）。

图 6–2 深水网箱

（2）普通网箱

普通网箱通常为方形，主体框架用钢管或木材等材料制成，面积 30 ~ 40 m^2，深 3 ~ 4 m（图 6–3）。一般采用直径 50 ~90 cm 的聚苯乙烯泡沫浮球生成浮力，网箱用 50 kg 以上重的铁锚或打木橛固定。木橛长 1.2 ~ 1.5m，小头直径 15 ~ 20 cm，固定用缆绳通常为 1 800 ~ 2 000 股的聚乙烯绠，其长为水深的 2 ~ 3 倍。箱体网衣多用聚乙烯网线编结，网线粗细与网目大小随鱼体规格不同而异。用钢管或铁棍做成与箱底面积同大的方框为坠子，将网箱底框撑平，以防网箱底部出现凹兜，避免鱼群聚集于此造成局部密度过大导致损伤。普通网箱结构简单，抗风浪流能力差，一般设置在风浪较小相对平静的内湾。

图 6–3　普通网箱

2. 网箱设置

为了既能充分利用养殖海区，又防止养殖海区自污染，保护养殖海区的生态环境，网箱设置面积以不超过适养海区总面积的 10% 为宜。网箱布局主要有“田”字形（图 6–4）、链条式（图 6–5）两种方式。不同布局都应与流向相适应，保证水流畅通。为了便于操作管理，可以两组并列排列，组与组间距 80 ~ 100 cm，中间可设管理通道。列与列之间应在 50 m 以上，网箱距海岸 200 m 以上。在苗种放养前 1 个月内，应将网箱安装设置好，经过海水充分浸泡并检查完善后再放养苗种。

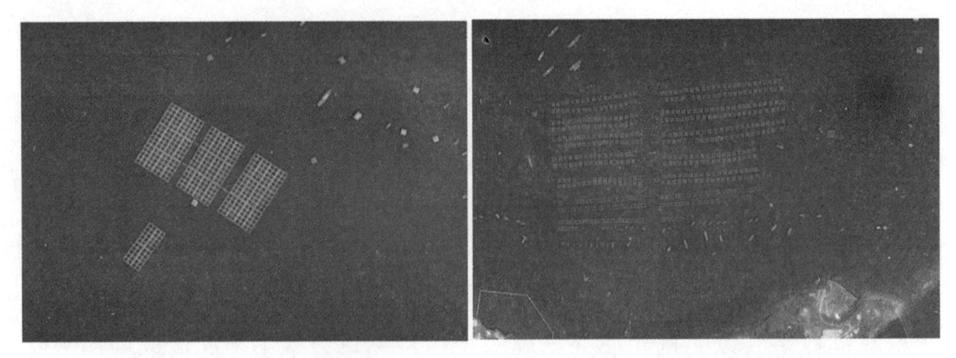

图 6-4 "田"字形网箱布局　　图 6-5 链条式网箱布局

三、苗种放养

1. 苗种选择

网箱养殖大泷六线鱼，应选择鱼体完整无损伤、鳞片整齐无脱落、体表无寄生虫感染、活力强、规格整齐的大规格苗种（体长 >15 cm，体重 >30 g）。养殖使用的大规格苗种一般是在室内水泥池经过一年培育养成的人工培育苗种。

2. 苗种运输

苗种运输前，调节育苗场的水质（水温、盐度、pH 等），使之与养殖海域的水质条件接近。运输前停食 1 ~ 2 d，并对苗种进行拉网锻炼 1 ~ 2 次，以增加鱼苗的体质，适应运输环境。苗种运输主要有打包充氧运输和活水车运输两种方式。运输和放鱼入箱时间一般在早晚进行，高温季节以夜间运输为宜，到达目的地时为次日凌晨。鱼苗在计数、打包、搬运等操作时要小心，尽量减少鱼体机械损伤。

3. 苗种放养

充氧打包运输苗种放苗时，应先将装鱼的塑料打包袋置于水中，使袋中水温与海水水温接近后，再打开袋口，使海水渐渐进入袋中，缓缓把鱼苗放入水中。活水车运输的苗种，可将自然海水慢慢加入运输水箱内，待箱内水温与海水温度温差小于 2℃时即可放苗。苗种放养密度应根据养殖海域中天然饵料生物量、水流交换状况、网箱结构及饲养管理方式等综合确定，通常放养密度为20～30尾/米^3（图6-6）。

图6-6 苗种放养

四、日常管理

1. 饵料投喂

（1）饵料种类

网箱养殖大泷六线鱼的饵料主要有新鲜饵料、冷冻饵料和人工配合饵料三种。新鲜饵料主要是指刚捕捞的鲜杂鱼（鳀鱼、玉筋鱼等低值鱼类）、扇贝边等，都能满足养殖鱼生长的营养需求。高温季节，不新鲜及腐败变质的鱼不宜做饵料，会导致养殖鱼发病。冷冻饵料主要是指经冷冻的杂鱼，营养价值比新鲜饵料有所降低。冷冻饵料的储藏时间不宜过长，超过半年容易变质，不要投喂。人工配合饵料是以鱼粉为主，加以必需的饵料添加剂复合而成，各种成分搭配平衡合理，营养全面，质量稳定，食用安全，操作方便，是一种符合鱼类生理需求的高蛋白饵料。生产中提倡使用人工配合饵料。

（2）投喂量

饵料的投喂量要依据饵料种类、水温高低、天气、海浪、鱼类摄食情况及生长的不同时期等情况综合而定。一般新鲜杂鱼的日投喂量为鱼体重的10%左右，人工配合饵料日投喂量控制在鱼体重的3%～5%。

（3）投喂方法

鱼苗放养3～5 d后，基本适应网箱环境，即可开始投喂饵料。一般每日投喂2次，时间最好选择在白天平潮时，如赶不上平潮，一定要在潮流的上方投喂，以提高饵料利用率。采用“慢、快、慢”的步骤，即开始投喂时少投慢投，待鱼集中游到上层摄食时要多投快投，当大部分鱼已吃饱散去或下沉时，则减慢投喂速度，减少投喂量以照顾尚未吃饱的鱼。投喂的饵料大小必须根据鱼的规格大小来决定，大规格鱼尽量不使用小型饵料投喂，以免影响其适口性及食欲，避免造成饵料浪费。

养殖过程中，应根据环境情况随时调整投喂量。小潮水流平缓时多投，大潮水流较急时少投；风浪小时多投，风浪大时少投或不投；水清时多投，水混时少投。水温适宜（8℃～21℃）时多投，水温高于21℃或低于8℃时减少投喂量，高于23℃或低于3℃停止投喂。同时，投喂时注意观察鱼的摄食情况，根据摄食情况及时调整饵料投喂量，并根据摄食量来判断鱼体状况，分析摄食量出现变化的原因，找出根源及时应对解决。

2. 养殖管理

（1）安全检查

网箱养鱼要注重管理环节，昼夜有专人值班，严防逃鱼、盗鱼和各种意外事故的发生。每天在投喂的同时必须检查网衣有无破损，缆绳有无松动，尤其是大风前后必须仔细检查，发现问题及时维修。

（2）更换网衣

养殖过程中，网衣易被各种生物和杂藻附着，尤其是春末夏初。如果附着物过多一旦网目被堵死，会导致网箱内部的水体交换差，直接影响养殖鱼的生存环境。过多附着物额外增加网衣重量，缩短网具寿命，容易衍生致病微生物和繁生致病微生物中间宿主，不利于养殖鱼生长。因此，需要根据网目的堵塞情况及时更换干净的网衣。另一方面，随着鱼的生长，根据鱼体的大小，也需要逐步更换网目较大的网衣，增强水流交换能力。更换网衣时，先把网衣的一边从网箱上解下来，拉向另一边，然后以新网取代旧网在原有位置固定好，再把旧网中的鱼移入新网中，重新固定好新网边。移鱼的时候，一是将旧网拉起来，使鱼自由游入新网中；二是用捞网将鱼捞入新网中。更换网衣时要防止鱼卷入网角内造成擦伤和死亡。更换频率应根据养殖情况而定，一般1～3个月内进行一次。换下的网衣经曝晒后，再清除杂藻等附着物，然后用淡水冲洗干净，修补后晒干备用。

每次更换网衣的时候，可从单个养殖网箱中随机取出30条左右的鱼称重，测量生长情况，作为参照依据来调整饵料投喂量。

（3）分箱

当单个网箱养殖鱼的总量超出网箱的养殖容量时，要根据鱼的生长情况、个体大小进行分箱养殖，调整养殖密度，将超出养殖容量的部分移到其他网箱内养殖。

（4）日常监测和记录

养殖人员每天要监测和记录水温、盐度、天气、风浪情况；观察鱼的活动及摄食情况，记录饵料投喂量、死鱼病鱼数量等；定期取样，测量鱼的体长、体重等生长指标，作为参考依据，及时调整养殖密度及投喂量（图6-7）。

（5）越冬管理

冬季水温低，鱼的活力减弱，摄食量减少，需要仔细观察鱼的摄食情况，及时调整投喂量，制订周全的越冬计划。

（6）灾害预防

在台风、风暴潮和赤潮等灾害性天气来临之前，应提前采取措施，做好防范工作，避免和降低养殖生产损失。

图 6-7　定期测量观察

五、病害预防

坚持“预防为主、防治结合”的方针，需要注意以下几个方面：

1. 健康苗种

放养健壮苗种。选购苗种时，应选择具有《水产苗种生产许可证》等资质厂家培育的苗种。

2. 合理密度

放养密度应根据水流交换情况、网箱设置、网箱结构、饲养管理方式及水域中天然饵料生物量等综合因素来确定。周长 60 m 的深水网箱放养大泷六线鱼大规格苗种应控制在 2.5万尾～3 万尾，放养密度过高，影响鱼的生长速度，容易引发鱼病。

3. 优质饵料

投喂新鲜、优质饵料，可提高鱼体对疾病的抵抗力，禁投腐败变质饵料，提倡使用配合饵料。

4. 死鱼处理

在养殖过程中出现的残饵、死鱼必须运到陆上集中处理，不能直接抛弃于海中，必须保持养殖海区的良好环境，避免污染养殖海域，防止病原体的大量繁殖。

六、起捕与运输

大泷六线鱼达到 500 克 / 尾以上，即可根据市场需求或养殖生产需求，及时起捕。一般在起捕前 2 d 停止投喂，便于起捕及运输。起捕方法有两种：一是把网箱底框四角缓慢提起，用绳索吊在浮子框的四角上，用捞网直接捞取；二是把鱼群驱集于一角，用自动吸鱼泵捕获。

大泷六线鱼不善游动，有聚群、耐挤的特点，适于运输。一般采用活水车运输，需连续充氧，水温适宜在 20℃以下，体长 20 cm 的个体运输密度为 300～400 尾 / 立方米，运输时间不短于 24 h。用塑料袋充氧运输时，水体为 10 L，水温适宜在 15℃以下，可放 10 尾体长 20 cm 的个体，运输时间不短于 10～12 h。这两种运输方法都要在运输前停食 48 h，这样可以降低运输过程中鱼的耗氧量，运输时需注意避免成鱼过度拥挤，擦伤皮肤，引起溃疡腐烂或水霉菌感染。

第七章

Chapter Seven

大泷六线鱼病害综合防治技术

进入21世纪，随着以海水鱼类养殖为代表的我国第四次海水养殖浪潮的发展，海水鱼类养殖在近20年来发展迅速，成为海水养殖的重要支柱产业之一。养殖品种不断增多，有大黄鱼、石斑鱼、真鲷、黑鲷、牙鲆、鲈鱼、河豚、大菱鲆、半滑舌鳎、大泷六线鱼等50多个养殖品种。随着养殖品种的增加、养殖规模的扩大和养殖密度的提高，养殖环境日益恶化，鱼类病害频繁发生，目前海水鱼类养殖病害超过100多种，其中危害严重的有10多种，这不仅严重制约海水鱼类养殖业的进一步发展，还对生态环境和人类食品安全构成威胁。因此，有效地控制病害是关系到海水鱼类健康养殖持续发展的关键因素之一。

我国海水鱼类养殖产业发展历史尚短，发展速度过快，病害防治的理论与技术研究水平相对于高速发展的养殖生产而言，尚不能满足实际生产需求。对病害发生的病原、病理、传播途径和流行特点等还没有全面、系统、深入的了解与认识，对常见病害缺乏足够有效的防治技术及对症药物。在鱼类养殖过程中防治病害时，药物使用存在较大的盲目性、随意性和片面性，缺乏科学系统的指导与规范。一是抗生素的大量长期使用，使病原的抗药性逐步增强，病害愈发严重难愈；二是超剂量滥用药物造成药物在养殖对象体内的累积，严重影响了产品自身质量，并给人类食品安全构成巨大威胁，直接危害人类健康。因此，对于海水鱼类病害的病原、病理及传播方式的研究以及绿色新渔药、疫苗等免疫防病产品的研发显得尤为重要。

第一节 鱼类发病的原因

鱼类疾病的发生原因和途径是多种多样的。发病机理是一个很复杂的过程，是生理学、生态学、病理学等多学科交叉作用的结果。造成鱼病的原因不仅仅是病原的感染和侵害，还与养殖鱼类本身的健康状况（即抵抗力或称免疫力）及栖息的环境密切相关。病原生物是导致鱼病发生的最重要的因素之一，不同种类的病原对鱼体的毒性及致病力各不相同。养殖的鱼类是病原生物侵袭的目标，养殖群体中健康状况不良、体质较弱、免疫力差的鱼体多为易感群体，给疾病的发生提供了必要条件。当水环境不能满足鱼的需要或不利于鱼体的生活时，鱼体往往容易被感染。鱼类疾病的发生，鱼体、病原体和环境三者之间相互联系、相互影响、相互作用（图 7–1）。

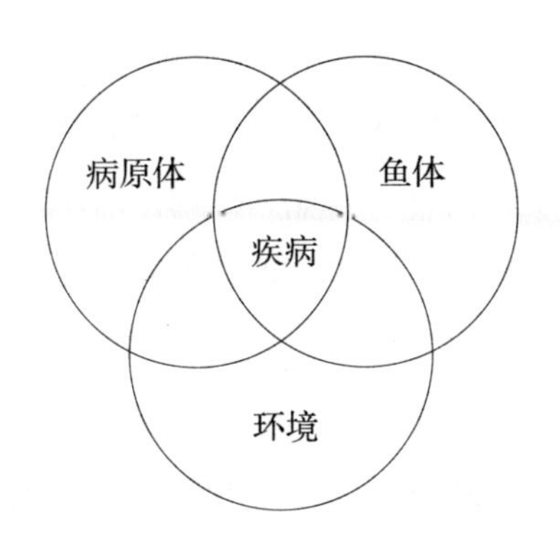

图 7–1 鱼病的发生与病原体、鱼体及环境的关系

可见，养殖鱼类疾病发生与传播的原因有许多，当养殖鱼类体质较弱，病原体数量较多、感染力强，环境恶化、变化急剧时病害才较容易发生和流行。因此在养殖过程中，要通过全面系统、细致严格的管理，提高养殖鱼类的抗病能力、改善养殖生存环境、控制病原生物的繁殖与传播、实现鱼类的

健康养殖。通常我们可以把鱼类的主要发病原因分为外界环境因素和鱼体内在因素两大类。

一、外界环境因素

1. 生物因素

鱼类疾病大多数是由于各种病原生物的传播和侵袭而引起的，主要包括病毒、细菌、真菌以及寄生虫等。另外，还有一些生物直接或间接地危害着鱼类，如水鸟、水蛇、水生昆虫、水生藻类等敌害生物。

2. 理化因素

（1）水温

鱼类是变温动物，没有体温调节系统，不同种类的鱼类对温度的适应范围也不同。如果外界温度突然急剧变化，大大超过鱼体的适温范围，鱼体就会产生应激反应，导致鱼体自身抗病力降低，极易发生疾病，情况严重时可能引起鱼类大量死亡。在鱼苗和鱼种阶段尤其如此，一般鱼苗下池时要求水温温差不超过 2℃，鱼种则要求不超过 4℃。

（2）溶解氧

水中溶解氧含量的高低对鱼类的摄食、生长及生存至关重要。一般情况下，水中溶解氧含量不得低于 4 mg/L，鱼类才能正常存活生长。如果溶氧量过高，饱和度超过 250% 以上时，则会产生游离氧，形成气泡上升，可能导致鱼苗出现气泡病。

（3）pH

大多数鱼类对水体中的 pH 都有一定的适应范围，最适 pH 为 7.0 ~ 8.5，水体中 pH 过低或过高都会引起鱼类生长发育不良甚至造成鱼体死亡。pH 过低，酸性水体容易致使鱼类感染寄生虫病；pH 过高，会增大氨的毒性，同时腐蚀鱼类鳃部组织，会引起鱼体死亡。

（4）水中化学成分和有毒物质

水中某些化学成分或有毒物质含量超过鱼体耐受范围，也能引起鱼体发生疾病甚至死亡。水体中的有机物、水生生物等在腐烂分解过程中，不仅会大量消耗水中溶解氧，而且会释放出大量硫化氢、氨等，积累到一定浓度，可引起水质变坏，导致鱼类发病和死亡。如果水体中的铜、镉、铅等重金属含量过高，容易引起鱼体慢性中毒等。

3. 人为因素

在鱼类养殖生产过程中，由于放养密度过高、饲养管理不当、投喂饵料营养成分不全或变质、投喂方法不科学等人为因素，也会导致鱼类发生疾病或死亡。

养殖过程中的不合理操作（震动、搬运、测量、计数以及人员跑动等）对鱼产生惊吓造成撞伤，使鱼体产生应激反应，从而导致体内生理功能失调，内分泌紊乱，身体抵抗力下降，造成外部病原体的附着侵入、繁殖或激活鱼体内的病原体繁殖，导致疾病的发生。

二、内在因素

鱼体自身对疾病都有抵抗力，鱼类机体自身免疫力的强弱，对鱼类是否发生疾病具有至关重要的作用。实践证明，当某些流行性鱼病发生时，在同一养殖池内的同种类同龄鱼中，有的患病严重死亡，有的患病轻微，逐渐痊愈，有的根本就不被感染。在一定环境条件下，鱼类对疾病具有不同的免疫力，即使是同一种鱼，不同的个体、不同年龄阶段的鱼对疾病的感染性也不完全相同。

养殖鱼体是否患病，更重要的是看鱼本身对病害的抵御能力。养殖鱼类对病原体具有非特异性免疫能力和特异性免疫能力。非特异性免疫能力与遗传及生理有关，它作用广泛而并非针对某一病原。影响非特异免疫能力因素有年龄、体温、呼吸能力、皮肤黏液分泌、吞噬作用、炎症反应能力等。当非特异免疫能力因素处于较佳水平时，鱼类对病原抵抗能力强，不易受病原体侵袭，因而在养殖中应加强机体的非特异免疫能力。特异性免疫能力是由于抗原（如病原体入侵或给予疫苗）刺激养殖鱼类导致对其产生的抵抗能力，特异性免疫能力获得途径有先天获得、病后获得、人工接种获得等。大多特异免疫能力一次获得后仅能维持一定时间，随时间延续而消逝，少量特异性免疫能力一次获得后能终身免疫。虽然特异性免疫持续时间长短不一，但对养殖生产意义重大，可应用此途径预防疾病的发生。鱼体的抗病力除与非特异性免疫及特异性免疫能力相关外，还与其自身营养水平、生理功能密切相关。

第二节 鱼类病害的诊断与防治

对水产养殖而言，由于客观环境条件的变化复杂，条件致病菌的存在、水产动物自身健康（免疫）状况和饲养管理等诸多因素的综合作用，导致鱼病的发生或早或迟、或轻或重，要克服侥幸心理和躲、拖、观的不作为态度。鱼类健康养殖的病害防治应坚持全面预防、积极治疗的方针，要遵循无病先防，有病早治，防重于治的基本原则，尽量避免鱼病的发生。当发现鱼病时，需要及时准确地进行诊断，及时治疗，对症下药，控制病情。

一、鱼病防治原则

1. 坚持“防重于治”的原则

鱼类患病后不像畜禽患病那样比较容易得到及时的诊断和治疗，有些疾病虽可正确诊断，但是治疗方法受限。由于水产动物养殖的特殊性，生活在水中的鱼无法采用注射药物的方法来治疗。此外，鱼类发病后，大多食欲减退，无法进食，采用药饵投喂的方式效果不佳。药浴和泼洒的治疗方式对小水体尚可，对于大水体来说成本太高。

2. 坚持“积极治疗”的方针

鱼在患病之初，尚有部分个体摄食活动正常，及时有效控制病原体，可预防疾病的传播、蔓延。一旦发现疾病，要及时做出正确诊断，对症治疗，不得拖延，控制病情的发展并逐步治愈。

二、鱼病的诊断

1. 现场诊断

（1）活力与游动

正常健康的鱼在养殖期间常集群游动，反应敏捷。病鱼一般体质瘦弱，离群独游，游动缓慢，有时在池中则表现出不安状态，上蹿下跳或急剧狂游。

（2）体色和体表

正常鱼的鳞片完整，体色鲜亮，体表无伤残。病鱼体色发暗，色泽消退；皮肤发炎、脓肿、腐烂；鳍条基部充血，鳍的表皮组织腐烂，鳍条分离；鳞片竖立、脱落等。

（3）鳃部

正常鱼的鳃丝是鲜红的，整齐规则。病鱼的鳃丝黏液较多，颜色暗红，鳃丝末端肿大和腐烂，甚至鳃盖张开等。

（4）内脏

正常鱼各内脏的外表光滑，色泽正常。病鱼的内脏会出现充血、出血、发白、肿胀、溃烂以及肠道充水、充血、肛门红肿等症状，有的内脏中可观察到吸虫、黏孢子虫等寄生虫。

（5）生长和摄食

正常健康鱼体，投喂时反应敏捷、活跃，聚群抢食，食欲表现旺盛。按常规投喂量，在投喂 20 ~ 30 min 后进行检视，基本上看不到残存饵料；经 5 ~ 7 d 后巡视群体长势良好，个体健壮，尤其是在鱼苗阶段。病鱼食欲减退，反应迟钝，甚至不食。

（6）死亡率

在通常情况下，一个养殖池或网箱，短期内（3 ~ 5 d）养殖群体的死亡率应等于零。如果在 10 d 左右出现个别死亡现象，经检查未发现有可疑病原体感染，则可认为自然死亡；如果在 2 ~ 3 d 内出现 1% ~ 3% 的死亡率，则应看作是群体感染病原体或发病的表现。

2. 实验室诊断

当肉眼不能确诊或者症状不明显不易诊断时，需要借助解剖镜或显微镜进行检查和观察，例如对细菌、真菌、原生动物等的观察和鉴别。在镜检时，供检查的鱼体要选择症状明显、尚未死亡或刚死亡不久的个体。对每一个病体进行检查时，应由表及里，对发生病变或靶器官组织进行镜检，镜检工具必须清洗干净，取下的器官、组织要分别置于不同的器皿内。体表、鳃用清洁海水清洗，内脏、眼睛、肌肉用生理盐水浸泡以防止干燥。对于不同种类的病原应采取不同的分离及保存方式，然后再利用分子生物学、免疫学、生理生化、组织病理学等方式进行病原的鉴定和确诊。

三、渔药的选择与使用

正确地选择与使用渔药关系到养殖生产的经济效益和广大消费者的身体健康，因此必须准确、合理地选择使用渔药。《无公害食品 渔用药物使用准则》（NY5071—2002）（附录三）规定：渔用药物的使用应以不危害人类健康和不破坏水域生态环境为基本原则。渔药的使用应严格遵循国家和有关部门的有关规定，严禁使用未经取得生产许可证、批准文号与没有生产执行标准的渔药。积极鼓励研制、生产和使用“三效”（高效、速效、长效）、“三小”（毒性小、副作用小、用量小）的渔药，提倡使用水产专用渔药、生物源渔药和渔用生物制品。病害发生时应对症用药，防止滥用渔药、盲目增大用药量或增加用药次数、延长用药时间等。水产品上市前，应有相应的休药期，休药期的长短，应确保上市水产品的药物残留限量符合《无公害食品 水产品中渔药残留限量》（NY 5070-2002）。水产饲料中药物的添加应符合《无公害食品 渔用配合饲料安全限量要求》（NY 5072-2002），不得选用国家规定禁止使用的药物或添加剂，也不得在饲料中长期添加抗菌药物。

1. 渔药的分类

水产药物（或称渔药）较医药和兽药的历史短，是随着水产养殖业的发展及鱼病学研究实践发展起来的。目前国内外用于水产养殖动、植物防病治病的药物有100多种（指非复配药或原料药），复配药或商品水产药物制剂种类超过500种以上。药物的种类通常是按药理作用来区分，但水产药物由于药理研究很不充分，基本以使用目的进行区分。

①防病毒病药指通过口服或注射，提高机体免疫力和预防病毒感染的药物。

②抗细菌药指通过口服或药浴，杀灭或抑制体内外细菌（含立克次氏体等原核生物）繁殖、生长的药物。

③抗真菌药指通过口服或药浴，抑制或杀死体内外真菌生长繁殖的药物。

④消毒剂和杀菌剂是以杀灭机体体表和水体中的病毒、细菌、真菌孢子和一些原生动物为目的的药物。

⑤杀藻类药和除草剂是以杀灭水体中有害藻类或某些水生植物为目的的药物。

⑥杀虫药和驱虫药是通过向水体中泼洒或口服，杀死或驱除机体内、外寄生虫和一些有害共栖生物的药物。

⑦环境改良剂是通过向养殖水体中施放，能够调节水质或改善底质的药物。

⑧营养和代谢改善剂指添加到饵料中通过养殖机体摄食，能增强体质或促进生长的药物。

⑨抗霉和抗氧化剂药物通常是添加到人工配合饵料中，防止饵料霉变或脂肪、维生素等的氧化。

⑩麻醉剂和镇静剂指用于亲鱼及鱼苗运输，降低机体代谢机能和活动能力，减轻、防止机体受伤和提高运输成活率为目的的药物。

2. 渔药的合理选择与使用

（1）基本原则和使用要求

有效性：选择疗效最好的药物，使患病鱼体在短时间内尽快好转和恢复健康，以减少生产上和经济上的损失。并且在疾病治疗中应坚持高效、速效和长效的观点，使经过药物治疗以后的有效率达到 70% 以上。

安全性：从安全方面考虑，各种药物或多或少都有一定的毒性（副作用），在选择药物时，既要看到它有治疗疾病的一面，又要看到它引起不良作用的另一面。有的药物疗效虽然很好，只因毒性太大在选药时不得不放弃，而改用疗效、毒性作用较小的药物。

方便性：少数情况下使用注射法和涂擦法外，其余都是间接针对群体用药，将药物或药物饵料直接投放到养殖水体中，操作简单，容易掌握。

廉价性：在确保疗效和安全的原则下，应考虑成本和得失，选择廉价易得的药物种类，昂贵的药物对养殖业者来说是较难接受的。

（2）用药方法

内服外用结合：内服与外用药物具有不同的作用，内服药物对体内疾病有较好疗效，外用药物可治疗皮肤病、体表寄生虫病等。对细菌性疾病，适宜于内服、外用相结合。

中西药物配合使用：中草药结合化学药品能提高疗效，起到互补作用。

药物交替使用：长期使用单一品种的药物，会使病原体对药物产生抗药性，应该同一功效的不同种药物交替使用。

（3）慎用抗菌药物

抗菌药物如使用不当，在杀灭病原生物的同时，也抑制了有益微生物的生存，由于微生态平衡中有益菌群遭到破坏，鱼体抵御致病菌的能力减弱。滥用抗菌药物，使病原体对药物的耐药性增强，施药量越来越大，且效果不佳。因此，在治疗鱼病时应有针对性地使用对致病菌有专一性的抗菌药，而不应盲目采用广谱性、对非致病菌有杀灭能力的抗菌药物，以免伤害鱼体内外有益微生物菌群。

四、渔药使用中注意的问题

1. 对症下药

正确诊断是治好鱼病的关键，只有诊断无误，做到对症下药，才能取得良好的治疗效果。在诊断鱼病的过程中，除要从病鱼自身情况（品种、数量、大小、活动等)、饲养管理情况、气候水质情况等方面综合考虑外,还要对病原的种类及致病力进行准确鉴定。对症下药是正确给药的基础,切忌乱用药,如果用药不当,不但起不到效果,还会浪费资金,贻误病情。

2. 正确选药

在使用外用药时,应了解某些鱼类对药物的敏感性;注意有些药物的理化特性,是否应防潮、避光等。此外,外用药的使用还与水温、水质等有关,一般来说气温高,药物毒性大;水质呈碱性,大多数药物药性减弱,甚至失效;溶氧越低,药物对鱼类的毒性越大。

3. 用量准确

任何药物只有在其有效剂量范围内使用才能安全可靠,达到治疗效果。用量不足,达不到治疗效果或无效;用药过量,会引起鱼中毒或病情加重甚至死亡,同时加大了用药成本。

4. 用时正确

春秋气温较低,应在晴天中午泼洒药物;夏季高温时,应晴天上午9~10点,下午3~4点用药;早晨、傍晚尽量避免用药;在阴雨天、气压低、鱼浮头或浮头刚消失时,除增氧类药物外,禁止泼洒其他药物,否则会加速鱼的死亡。

5. 合理配伍

当两种或两种以上药物配合使用时,其药效会因相互作用加强或消减(协同作用或拮抗作用)。因此,在使用药物时要注意药物正确合理地混合使用,特别是在不了解药物是否产生相互作用时,不应盲目地混合使用,配伍不当将产生物理或化学反应引起药效的减弱、失效或引起鱼中毒死亡。

6. 用药及时

在养殖过程中,特别是鱼病高发季节,要做到无病早防、有病早治,避免因治疗延误而造成更大损失。

7. 方法准确

泼洒药物治疗鱼病时，应先喂食后泼药，禁止边洒边喂食。对不易溶解的药物应先充分溶解，而后泼洒。剩余药渣不要随意丢弃，更不可将药渣泼入池中，以免鱼误食中毒。喂内服药饵时，先停食一天后投喂。

8. 用药后观察

全池泼洒的药物毒性较大，对水质有严重影响，用药后应在池边观察一段时间，若发现鱼出现急躁不安的情况，应马上加注新水换水，以防中毒事故发生。

第三节 大泷六线鱼常见病害及防治

大泷六线鱼具有优良的养殖性状，作为一种新兴养殖品种，深受广大养殖与加工企业的喜爱。养殖过程中，管理措施得当，病害几乎很少发生。要注意合理控制养殖密度，适时调节换水量，控制水环境稳定良好，保证饵料新鲜充足，遵循“预防为主，防重于治”的原则，切实做好病害防治工作。目前，在大泷六线鱼的苗种培育及养殖过程中，根据各地实际发生的情况总结，主要存在以下几种疾病问题。

一、倒伏症

1. 主要症状

在仔鱼破膜时、卵黄囊消失期、胃部盲囊消失期等身体发育的关键阶段会出现倒伏症，尤以稚鱼期倒伏症状最典型。病鱼身体倾斜或垂直，以头为中心急速旋转，然后自然下沉至水底侧卧不动，呼吸微弱甚至鳃盖不动呈暂时停止呼吸状。患有此症的鱼苗大批死亡，只有少部分可以恢复正常。倒伏症的病因和病原不明，分析原因可能与仔鱼摄食及生活习性的转变有关。

2. 防治措施

育苗过程中鱼苗的死亡原因多为个体体质不良、发育不完善及缺少适口饵料。亲鱼选择时应选取 300 g 以上的健康活泼、性腺发育成熟的适龄鱼作为亲鱼，卵子质量好，鱼苗成活率高。仔鱼孵出后不同的发育阶段应及时投喂适口饵料，添加高度不饱和脂肪酸以保证育苗营养需求。

二、皮肤溃疡病

1. 主要症状

病鱼体色发黑，摄食减少，游动无力。发病初期，体侧皮肤有明显的出血点，随后皮肤组织浸润、溃疡，严重者可见溃疡处露出鲜红肌肉。

2. 防治措施

保证水质清洁，全池使用（5 ~8）$\times 10^{-6}$ 氟苯尼考药浴浸泡，连续 3 ~ 5 d，每次药浴 2 ~ 3 h。

三、烂尾病

1. 主要症状

病鱼体色发暗，尾鳍末端变白或发红，尾鳍糜烂伤口处出现炎症。

2. 防治措施

保持良好的水质及充足的水循环量；在饵料中添加 VC 有一定预防作用，添加量为 80 mg/kg；全池使用（5 ~10）$\times 10^{-6}$ 盐酸土霉素药浴，连续 3 ~ 5 d，每次药浴 2 ~ 3 h。

四、链球菌病

1. 主要症状

肉眼观察，病鱼外观症状不明显，体色发黑，有些病鱼眼球突出，鱼鳃盖内侧充血发红。解剖观察，病鱼的肝、脾、肾等脏器轻度充血或轻微肿胀。

2. 防治措施

投饵量减半，青霉素 G 按质量 0.1% 的量添加在饵料中制成药饵，每天投喂病鱼 2 次，连续投喂 1 周。在疾病高发季节应适当减少投饵量，经常更换饵料，或在饵料中添加维生素和微量元素，以提高鱼体的抗病力，也可以有效预防该病的发生。

五、细菌性烂鳃病

1. 主要症状

发病鱼局部体表变黑，鳃部黏液增多，并出现红肿或出血现象，最终鳃糜烂，并伴有肝脏肿大。

2. 防治措施

每 1 000 g 饵料中添加车前草 10 g、穿心莲 7.5 g、金银花 5 g、黄连 4 g，连续投喂 7 天。

第八章

Chapter Eight

大泷六线鱼综合利用与研究展望

第一节 综合利用

大泷六线鱼营养丰富，口感细腻，是优质的蛋白质来源，其自身具有极高的营养保健价值，可以利用开发研究新的保健产品，提高附加产值。同时，大泷六线鱼的生态习性决定了其恋礁性鱼类的属性，终年生活在一定的水域范围内，特别适合作为海水鱼类垂钓品种。因此，大泷六线鱼综合利用的潜能巨大。由于海洋自然环境的破坏和捕捞量的增加，大泷六线鱼的自然资源日益减少，通过增殖放流等科学有效的保护修复措施，逐步恢复其自然资源，进而促进发展休闲渔业中的海钓产业，更加合理地利用自然资源。

一、营养与保健

随着世界人口的不断增长，蛋白质需求量越来越大，消费者的饮食结构逐渐转变，对蛋白的质量要求不断提高，人类对于水产品这一优质蛋白源的需求量日益增加。海水鱼类是一类公认的高蛋白、低脂肪、低热量而且美味可口的最佳蛋白质食品。鱼肉肌纤维很短，水分含量较高，肉质细嫩，比畜禽肉更易吸收，对人们的健康更有利。相比畜、禽、蛋类等其他蛋白质食品，海鱼蛋白质含量丰富，其中人体所必需的 9 种氨基酸不仅含量充足、比例合适而且易于被人体吸收，是一种健康、美味而又优质的高蛋白食品。

鱼肉中蛋白质含量高而脂肪含量较少，而且鱼类含大量不饱和脂肪酸，与肉类脂肪所含的饱和脂肪酸相比，不仅脂肪含量低，且基本上由不饱和脂肪酸组成，人体可吸收率为 95%。其功能具有清除血管壁上的沉积附着物，具有降低胆固醇、预防心脑血管疾病的作用，对人体健康十分有益。海水鱼类脂肪中含有的 DHA、EPA 对人类大脑的发育以及在保护及维持大脑功能的过程中起着至关重要而且无可替代的作用。DHA、 EPA 只存在于海洋生物，如海水鱼类以及海产贝类之中。海水鱼类中含有维持人体正常机能以及生长发育必不可少的钙、铁、磷、铜等微量矿物元素，以及 V_A、V_D、V_{B2} 等与人体健康息息相关的维生素，是一种优良的补钙、补铁以及富碘食品。因此，食用海水鱼是十分必要和必需的，对婴幼儿、少年儿童而言能够有效提高智力发育水平；对于成人和老年人，能够保护大脑功能，延缓甚至避免阿尔茨海默症的发生。

大泷六线鱼味道鲜美，蛋白质含量高，含水量较低，可食部分比值高，深受消费者青睐。研究表明，大泷六线鱼的含水率为 73.85%，低于其他几种鱼类；蛋白质含量为 18.50%，略低于真鲷、牙鲆，与鲈鱼、石斑鱼相近；脂肪含量为 4.80%，低于红鳍笛鲷而高于其他几种鱼类；灰分含量为 3.00%，低于鲥鱼和杜父鱼，明显高于其他鱼（表 8–1）。此外，它还含有丰富的微量元素及维生素，每克鱼体中钙含量为 550 μg，磷含量为 2 200 μg，钠含量为 1 500 μg，维生素 B_1 含量为 2.4 μg，维生素 B_2 含量为 2.6 μg，维生素 C 含量为 2.0 μg，这都是其他鱼类所不及的。

表 8–1　大泷六线鱼与其他几种经济鱼类营养成分比较

种类	水分（%）	蛋白质（%）	脂肪（%）	灰分（%）
大泷六线鱼	73.85	18.50	4.80	3.00
鲥鱼	78.76	16.40	0.80	4.30
杜父鱼	77.25	16.30	2.70	3.90
石斑鱼	78.20	18.20	2.50	1.00
红鳍笛鲷	75.60	16.80	6.20	1.30
牙鲆	77.20	19.10	1.70	1.00
真鲷	74.90	19.30	4.10	1.20
黑鲷	75.20	17.90	2.60	1.60
大黄鱼	77.70	17.70	2.50	1.30
鲈鱼	77.70	18.60	3.40	5.50

氨基酸的组分与含量，尤其是 8 种必需氨基酸（苏氨酸、缬氨酸、蛋氨酸、胱氨酸、异亮氨酸、亮氨酸、苯丙氨酸 + 酪氨酸、赖氨酸）的含量高

低和构成比例是评价蛋白质营养价值的重要指标。大泷六线鱼的 17 种氨基酸含量为 17. 20%，必需氨基酸含量为 7. 25%。必需氨基酸量占 17 种氨基酸总量的 42. 15%，必需氨基酸量与非必需氨基酸量的比值为 0. 73，分别超过 FAO/WHO 标准规定的 40% 与 0. 60 的要求。大泷六线鱼的胱氨酸含量极高，缬氨酸与两种半必需氨基酸（组氨酸、精氨酸）的含量也较高，还具有丰富的天门冬氨酸、谷氨酸、甘氨酸和丙氨酸[12]（表 8–2）。而胱氨酸、谷氨酸、甘氨酸和天门冬氨酸等具有抑制脱发、增强记忆、消除疲劳、恢复体力等医学功效。

表 8–2　大泷六线鱼 17 种氨基酸组分分析

氨基酸种类	占干重（%）	占湿重（%）
苏氨酸	2.82	0.74
缬氨酸	4.90	1.28
蛋氨酸	1.87	0.49
胱氨酸	1.60	0.42
异亮氨酸	2.62	0.69
亮氨酸	4.92	1.29
苯丙氨酸	2.52	0.66
酪氨酸	2.08	0.54
赖氨酸	4.35	1.14
组氨酸	1.47	0.38
精氨酸	4.16	1.09
天门冬氨酸	6.30	1.65
谷氨酸	10.28	2.69
甘氨酸	5.42	1.42
丙氨酸	4.55	1.19
丝氨酸	2.61	0.68
脯氨酸	3.26	0.85
17 种氨基酸含量	65.76	17.20
必需氨基酸含量	27.68	7.25

大泷六线鱼潜在的市场价值及经济价值已被水产界关注，在其自然资源日益匮乏的情况下，人工养殖的需求将会越来越大，产业规模将不断发展扩大。

二、增殖放流

增殖放流是通过直接向天然水域投放各类渔业生物的种苗，以恢复或增加水域生物群体数量和资源量，从而实现渔业增产和修复渔业生态环境的活动。随着人类对水产品的需求量日益增加，过度捕捞、环境污染、栖息地破坏等问题使目前世界近海渔业资源普遍衰退，传统捕捞渔业已不能满足人们日益增加的水产品需求。根据 2011 年 FAO 的评估，在世界范围内海洋渔业资源 500 多 个的鱼类种群中，80% 以上被过度捕捞和利用，仅有 9.9% 的海洋生物资源种类具有继续开发的潜力。增殖放流不仅可以补充水生生物种群数量，增加捕捞产量，缓解当前渔业资源衰退现状，是恢复渔业资源的最直接措施，同时可以改善水域生态环境，修复渔业生态环境，有效维持生态系统的多样性，促进生态平衡。

根据是否将放流苗种投放于原栖息水域，水生生物的增殖放流可分为两类：一类是将放流苗种投放于原栖息水域，以恢复衰退的资源为目的；另一类是将苗种投放到非原栖息水域，通过改变当地水域的渔业资源种类组成，以提高渔业经济效益为目的。当前，国内外增殖放流采取的主要方式为前一类，即将苗种投放于原栖息水域。

针对目前海洋渔业资源衰退现状，许多国家都在开展增殖放流活动，发达国家一般以保护渔业资源和开展休闲渔业为目标，以期维护放流海域种群数量的生态平衡；而发展中国家则以恢复渔业资源、提高捕捞产量为目的，借此获得更多的渔获物和渔业收入，放流是提高捕捞产量的重要举措。我国鱼类增殖放流活动始于 20 世纪 50 年代，以淡水的四大家鱼为主。70 年代，逐步开展近海增殖放流以恢复海洋渔业资源。2000 年以来，我国近海增殖放流种类、数量和规模都不断增加，已经成为恢复海洋渔业资源的最主要手段之一。我国海洋鱼类增殖放流数量稳步增加，2000 ~ 2005 年合计放流鱼类约 179 亿尾，2006 ~ 2010 年合计放流鱼类约 360 亿尾，翻了一倍[13]（图 8–1）。根据 2015 年全国水生生物增殖放流规划，我国主要放流海水鱼品种为牙鲆、真鲷、黑鲷、大黄鱼、许氏平鲉等。

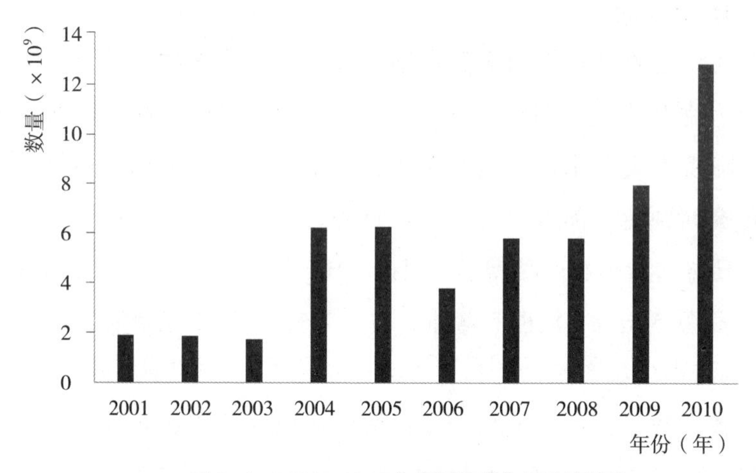

图 8–1　2001 ~ 2010 年我国海洋鱼类放流数量

随着大泷六线鱼人工繁育技术的突破和发展，苗种繁育规模水平愈来愈高。2014 年山东省首次在全国范围内开展了大泷六线鱼的增殖放流工作，大泷六线鱼作为公认的渔业增殖和资源修复的理想海水鱼类品种，为我国海水鱼类人工增殖放流发展增添了一个优良新品种。当年，利用人工繁育的大泷六线鱼苗种，在青岛崂山湾放流大泷六线鱼 8 cm 大规格苗种 30 万尾；2015 年、2016 年在青岛崂山湾和灵山湾分别放流苗种 30 万尾、35 万尾。截至 2017 年，山东省在烟台、威海、青岛、日照等地总共放流大泷六线鱼 400 万尾以上，取得了良好的生态和社会效益（图 8–2）。

8-2 大泷六线鱼增殖放流

随着近海渔业资源的过度开发利用，大泷六线鱼的渔获量逐年降低，自然资源量锐减，自然资源环境亟待修复。加强资源增殖放流以恢复渔业资源，提高渔业产量及质量是我国渔业发展的大趋势。通过大泷六线鱼人工繁育获得健康苗种，经过中间暂养后直接放入近海：一方面部分放流苗种可加入自然繁殖群体，补充自然繁殖种群，恢复其可繁殖亲体的生物量，以期使野生种群再次恢复持续而稳定的产量，保护和恢复野生资源，起到生态修复的作用；另一方面在特定海域里通过投放人工鱼礁进行海洋牧场的建设，放流苗种可利用天然生物饵料，迅速生长，在较短时间内达到可捕规格，实现经济效益，更加合理地开发利用自然渔业资源。

在增殖放流过程中，往往过分强调种苗的生产数量和放流规模，却不注重放流效果评估，导致许多增殖放流活动无法达到预期效果。增殖放流效果的评估是一项十分重要且必不可少的工作，全面、科学的分析是保证放流工作有效开展的基础，同时效果评估又是指导后续放流规划的重要参考。随着对放流评估重要性的深入认识及相关技术的发展，放流效果的评价应该包括放流前对放流物种的选择、放流群体的筛选、放流方式、放流水域的生境质量，以及放流生物在水域中存活和生长状况、放流群体对野生种群的影响、放流的生态及经济效益等多方面的综合评估。今后应加强大泷六线鱼增殖放流评估效果的研究，对放流效果进行及时、准确的评估，可为大泷六线鱼的科学养护及合理开发提供科学依据，为规模化增殖放流策略的制定提供理论支持，以期达到更好的放流效果。

渔业资源量不仅取决于种群生物本身的补充量、种间竞争和饵料生物量等因素， 而且受气候变化、海况环境变化以及人为因素等各方面的影响，因此全面把握渔业资源人工增殖对渔业资源和渔业生境的修复作用极其困难。在典型海湾内进行大泷六线鱼增殖放流，针对海域生态条件、理化条件、生物组成等分析，确定不同地区大泷六线鱼的放流时间、数量、规格等具体技术参数。同时，利用增殖放流标记技术、分子标记方法对放流后大泷六线鱼的回捕率、时空分布、资源量、生长特性、基因多样性等指标进行跟踪监测，并对其放流效果进行综合评估，评估最适合大泷六线鱼增殖放流的海域（图 8–3）。综合底质、海流等诸多海洋水文参数，将评估效果数字化，形成一套适合岩礁鱼类增殖放流与效果评估的评价体系。全面把握人工增殖对渔业资源和渔业生境的修复途径，保护和恢复大泷六线鱼的自然资源，推动休闲垂钓渔业的发展，使大泷六线鱼养殖业健康持续发展，实现渔业结构调整。

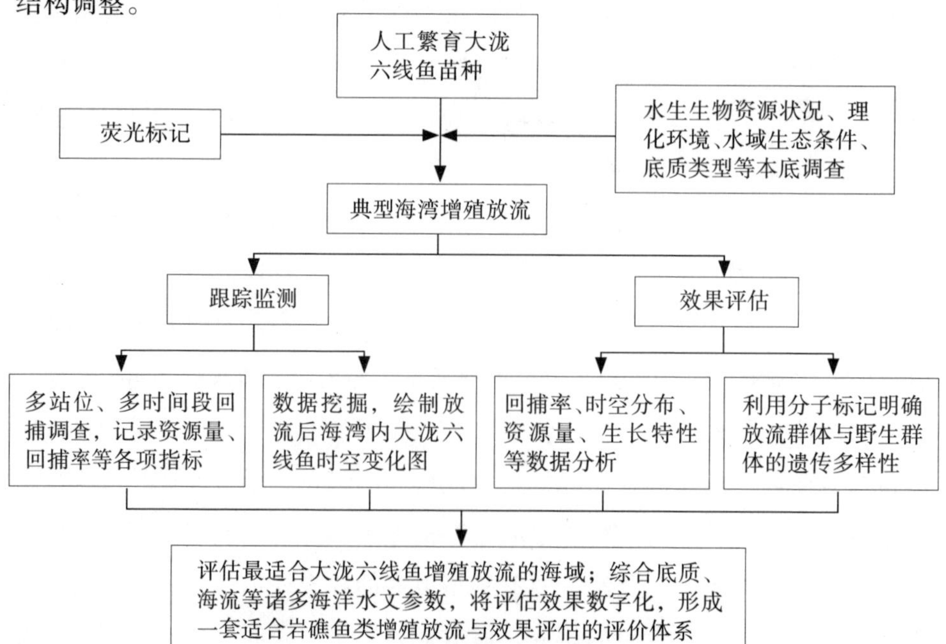

图 8–3 大泷六线鱼增殖放流效果评估技术路线

三、休闲渔业

休闲渔业是渔业发展的新领域，将传统的渔业与旅游业、海洋生物观赏、渔村民俗文化普及等休闲活动与现代渔业活动进行有机结合，实现了对渔业资源的综合利用，是对传统渔业的一次巨大的升级革新。当前渔业资源逐年递减的情况下，充分利用现有的渔业设施和渔业资源，有效地实现了生产养殖业、加工销售业与休闲服务业的综合配置，开拓出了一条渔业发展的新路子，是实现渔业产业结构调整的必然选择。垂钓是休闲渔业中重要的组成部分，是一项人们在闲暇时间用于放松身心的喜闻乐见的活动，深受钓鱼爱好者的欢迎。

大泷六线鱼属于近海冷温性底栖鱼类，多在近岸水深 5 ~ 40 m 的岩礁地带索饵栖息，生活区域比较固定，洄游活动范围小。这种生活习性决定了大泷六线鱼作为休闲海钓品种特别适合。在一定海域内开展海洋牧场建设，投放人工鱼礁进行大泷六线鱼增殖，通过创造良好的栖息生活环境，使其在人工鱼礁区自然生长繁殖，开展垂钓休闲渔业。海洋牧场大泷六线鱼的增殖与垂钓相结合，既可恢复自然资源，又可以带动渔业新经济增长，该模式是未来新型渔业的发展趋势，可大力开发与推广。

第二节　研究展望

近年来，我国水产养殖产量和规模一直居世界首位，鱼类养殖是我国水产养殖的重要组成部分。我国海、淡水鱼类近 5 000 种，其中海水鱼约占 2/3，海水鱼类养殖种类数由 20 世纪 60 年代的十多种增加到目前的百种左右，养殖产量也得到相应提高。许多养殖种类出现了遗传多样性减少、杂合度降低、生长速度减缓以及对病害和环境胁迫的防御能力下降等问题。

纵观世界水产行业都因良种的突破性成果而得到了提高和发展，而水产养殖发达国家，良种繁育和品种改良也都被列为重要的研究课题。所以通过传统育种和现代生物技术对鱼类进行品种选育和遗传改良，获得具有优良性状的优质苗种，对促进水产养殖业向高产、优质、持续、健康方向发展具有重要意义。建立先进的鱼类育种技术体系和育种研究创新平台、提高鱼类遗传育种的效果和种苗质量对促进海水鱼类养殖业的健康发展具有重要意义。

随着大泷六线鱼人工繁育技术的成熟，苗种培育产量逐年增高，养殖规模越来越大。为了预防种质退化，保证苗种质量，维护大泷六线鱼养殖产业健康持续发展，今后应该在种质保存、良种选育、种间杂交等领域展开进一步的研究。

一、种质保存

种质决定生物的种性，是物种亲代传给子代的丰富遗传物质的总称，是物种进化、遗传学及育种学研究的物质基础。水生物种的多样性对我国水产养殖业的快速发展起到了非常重要的作用。鱼类种质资源是水产养殖生产、优良品种培育和水产养殖业可持续发展的重要物质基础。

目前，随着鱼类资源过度利用及环境污染等因素，加快了鱼类资源衰退及灭绝，因忽视鱼类种质保护及品种选育工作，养殖鱼类近亲交配严重，遗传多样性降低，造成鱼类种质退化，表现为生长速度慢、品质下降、对环境和病害的适应防御能力降低等，给渔业生产带来巨大的经济损失。开展鱼类种质保存的研究，不仅可以保护鱼类种质资源和生物多样性，也是对鱼类种质资源进行有效开发和利用的前提条件。

种苗是海洋生物养殖产业的源头和必需物质基础，种质是海洋养殖业的核心问题。海水养殖产业“种子工程”包括“健康苗种繁殖”和“优良种质创制”两个部分，前者以实现原种和良种的人工繁殖为中心目标，包括鱼类原种开发、种子扩繁；后者则强调应用现代生物技术，不断改进和优化原种种质，提高产量和效益，是实现海水养殖业健康和可持续发展的有效保证。

水产种业是凝聚生物高新技术最多的领域，良种的科技固化程度高，通过把复杂的高新技术成果凝聚到种子里，转化成为相对简单的技术，易被渔民接受和应用。水产良种是水产增产技术的核心，所有水产养殖技术最终依靠品种而实现其生产效益。掌握了水产良种，控制了种业，也就从顶端控制了水产养殖产业。

通过建立大泷六线鱼活体库、细胞冷冻资源库和DNA基因库，从活体、细胞、分子（DNA）3个水平开展大泷六线鱼种质保存。针对大泷六线鱼养殖业的不断发展，开发大泷六线鱼育种核心前沿技术，加快大泷六线鱼种质创新步伐，是大泷六线鱼养殖产业发展和科技竞争力提高的必然要求。这样，不仅可以保护大泷六线鱼种质资源和生物多样性，而且也是对鱼类种质资源进行有效开发和利用的前提条件。对保障大泷六线鱼增养殖业的可持续发展和高效利用具有重要意义。

二、良种选育

选择育种是鱼类育种工作中最基本的手段，其将生物表现型作为育种指标，按照优中选优的原则，在群体中选择一定数量符合指标要求的优良个体。其目的在于分离优良性状，迅速固定和发展有益的变异，培育抗病良种，提高养殖鱼类的经济性状，提纯和复壮鱼类品种。选育的目的是将有利的性状（基因）进行“富集”，逐步提高经济性状的表现值，选择育种是海洋生物优良品种培育的主要技术之一。通过选择育种手段对大泷六线鱼进行优良性状选育，培育出生长速度快、抗逆能力强的优良大泷六线鱼新品系，作为良种进行推广养殖（图8-4）。

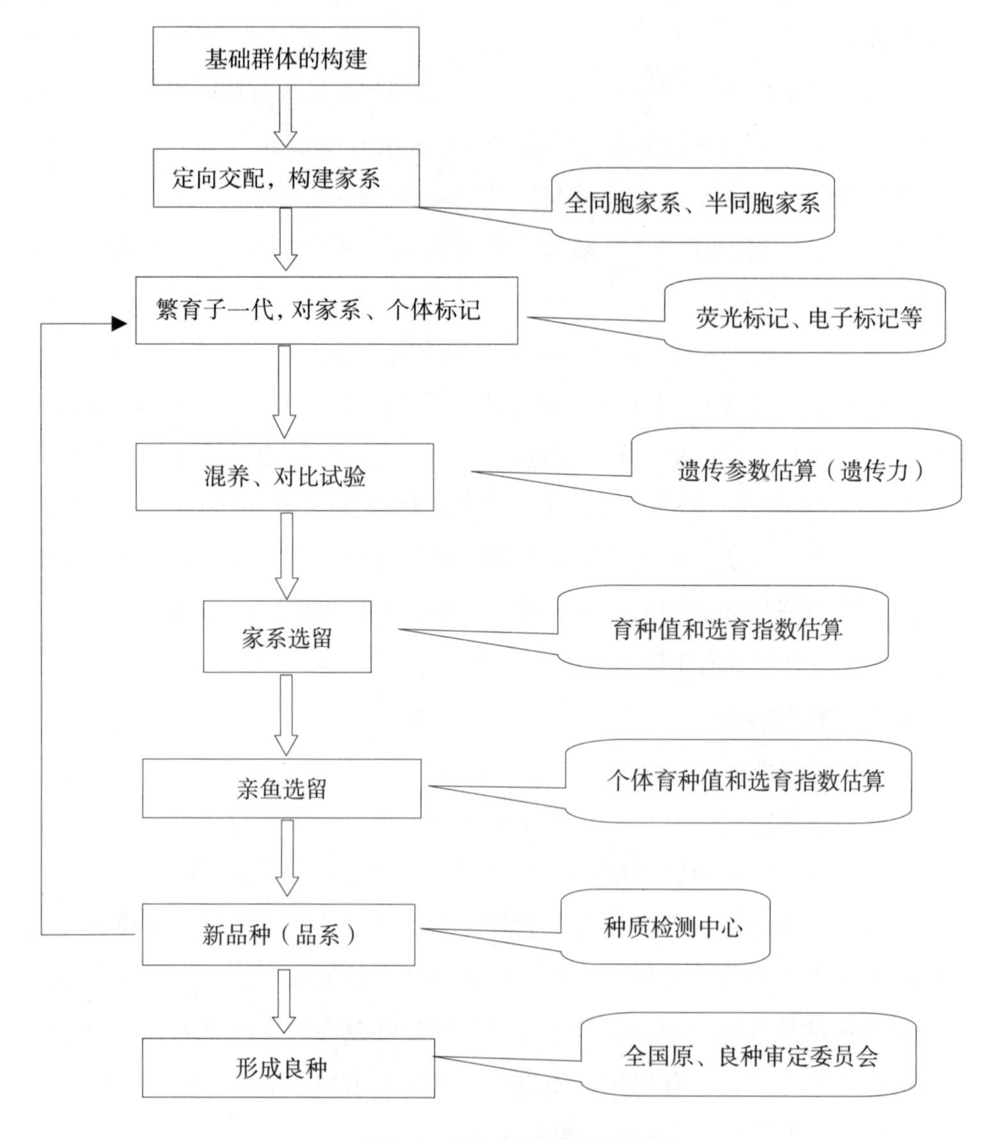

图 8-4 大泷六线鱼良种选育路线

良种选育是发展我国水产养殖业海水鱼类不可缺少的技术环节，可提供优质高产、高效的鱼体亲本，为海水鱼类养殖的发展奠定可靠的物质基础。为了更好地保护大泷六线鱼的种质资源，研究培育出更健康优质、适宜人工养殖的苗种，可逐步建立大泷六线鱼的原种场、良种场。原种场是维持物种和种群的专门繁育场所，即维持物种的进化潜力。原种场的建设则是鱼类种质资源选育与保存的最佳方案，可以维持物种原始基因的纯正性，建立大泷六线鱼原种场可以用来保护大泷六线鱼种质资源，并尽最大可能维持种内遗传的相对稳定性。良种场的建立可生产优质健康的大泷六线鱼苗种，为社会生产养殖需求供应大量养殖苗种提供有力保证。

三、种间杂交

杂交是指通过不同基因型的个体之间的交配而获得双亲基因重新组合的个体的过程，是育种广泛采用的一种手段。杂交不仅能够丰富遗传结构，使不同类型的亲本优良性状得以结合，提高杂交后代的生活力，还能产生亲本从未出现过的优良性状，获得具有杂种优势的新品种。杂交普遍存在于自然界中，在许多动植物中都发现杂交现象。杂交是被广泛采用的育种手段，杂交育种周期短，效果明显，一般在子代即可表现出杂种优势。根据亲本的亲缘关系，杂交可分为远缘杂交和近缘杂交，远缘杂交是分类单位在种以上的两个亲本间的杂交，近缘杂交即种内杂交。

在水产养殖领域中，杂交育种在品种改良、新品种培育等生产实践中发挥着非常重要的作用。世界上约有 212 个自然杂交种，其中大约 30 种为海水鱼类[14]。鱼类在自然界的杂交情况并不少见， 在很多鱼类中都存在杂交地带， 研究杂交地带有利于人们了解鱼类关于繁殖隔离和物种形成的进化过程，鱼类杂交地带的研究主要集中于淡水种类，对于海洋鱼类人们知之甚少。一般来说， 杂交地带在海洋中要比陆地宽广，这就是为何海洋种群高度扩散的原因。

在日本北海道南部海域和东北地区， 存在六线鱼属 3 种鱼类的自然杂交现象， 包括斑头鱼和叉线六线鱼的杂交以及大泷六线鱼与叉线六线鱼的杂交。有趣的是，两种自然杂交组合，都是以叉线六线鱼为母本，而且所有的杂交后代都表现为雌性[15]。这说明了这类杂交具有典型的性连锁的不亲和性以及性连锁的后裔群现象。利用杂交组合，来生产六线鱼的新品种，这样的新品种不仅不影响亲本的优良性状，更能为六线鱼的种质资源的保护以及六线鱼的人工繁育和养殖带来新的契机。

参考文献

[1] 黄宗国．中国海洋生物种类与分布 [M]. 北京：海洋出版社，1994：741.

[2] 金鑫波．中国动物志：硬骨鱼纲 鲉形目 [M]. 北京：科学出版社，2006：550–561.

[3] 叶青．青岛近海欧式六线鱼年龄和生长的研究 [J]. 青岛海洋大学学报，1993，（2）：59–68.

[4] 温海深，王连顺，牟幸江，等．大泷六线鱼精巢发育的周年变化研究 [J]. 中国海洋大学学报，2007，37（4）：581–585.

[5] 纪东平．荣成俚岛斑头鱼和大泷六线鱼的渔业资源生物学研究 [D]. 青岛：中国海洋大学，2014：88–106.

[6] 王连顺．大泷六线鱼繁殖内分泌生理功能及基因部分序列的克隆 [D]. 青岛：中国海洋大学，2007：11–30.

[7] Fox D，Millott N. A biliverdin–like pigment in the skull and vertebrae of the ocean skipjack，*Katsuwonus pelamis*（Linnaeus）[J]. Cellular and Molecular Life Sciences，1954，10（4）：185–187.

[8] Daniels H V，Berlinsky D L，Hodson R G，et al. Efects of stocking density，salinity，and light intensity on growth and survival of southern flounder（*Paralichthys lethostigma*）larvae[J]. Journey of The World Aquaculture Society，1996，27（2）：153–159.

[9] 陈品健，王重刚．真鲷仔、稚、幼鱼期消化酶活性的变化 [J]. 台湾海峡，1997，3：245–24.

[10] 李芹，唐洪玉．厚颌鲂仔稚鱼消化酶活性变化研究 [J]. 淡水渔业，2012，42（4）：9 –13.

[11] 吉红，孙海涛，田晶晶，等．匙吻鲟仔稚鱼消化酶发育的研究 [J]. 水生

生物学报，2012，36（3）：457-465。

[12] 康斌，武云飞．大泷六线鱼的营养成分分析 [J]. 海洋科学，1999，（6）：23-25.

[13] Shen G，Heino M. An overview of marine fisheries management in China[J]. Marine Policy，2014，44：265-272.

[14] Rubinoff I. Artificial hybridization of some atherinid fishes[J]. Copeia，1961，（2）：242-244.

[15] Balanov A A，Antonenko DV. First finding of *Hexagramos agrammus* × *H. octogrammus* hybrids and new data about occurrence of *H. agrammus*（*Hexagrammidae*） in Peter the Great Bay（The Sea of Japan）[J]. Journal of Ichthyology，1999，（39）：149-156.

附录

附录一

《六线鱼亲鱼培育技术规范》
（DB37/T 2772-2016）

山东省质量技术监督局发布

2016-04-29 发布　2016-05-29 实施

1 范围

本规范规定了六线鱼（*Hexagrammos otakii*）（又名大泷六线鱼、欧氏六线鱼，俗称黄鱼）亲鱼培育的环境条件、亲鱼来源、选择、运输及培育管理和病害防治技术。

本规范适用于六线鱼亲鱼培育。

2 规范性引用文件

下列文件对于本文件的应用是必不可少的。凡是注日期的引用文件，仅所注日期的版本适用于本文件。凡是不注日期的引用文件，其最新版本（包括所有的修改单）适用于本文件。

GB 11607　渔业水质标准

NY 5052　无公害食品　海水养殖用水水质

NY 5071　无公害食品　渔用药物使用准则

NY 5072　无公害食品　渔用配合饲料安全限量

DB37/T 615　六线鱼养成技术规程

3 环境条件

3.1 场址选择

应选择靠近六线鱼自然分布区的海区，水质良好、交通通讯方便、供电供水有保障的地方建场。应建有蓄水池、沉淀池、亲鱼培育车间、化验室等，并配备滤水、增氧、控温、发电机、进排水管道等设施设备。亲鱼培育池要求 20 ~ 50 m^3，池深 1.0 ~ 1.5 m，圆形或八角形，底部中央排水，设有供亲鱼栖息的隐蔽物。

3.2 水质条件

水源水质符合 GB 11607 的要求。育苗用水应符合 NY 5052 的要求。

4 亲鱼

4.1 来源

产于天然水域的或经人工养殖的 2 ~ 4 龄成鱼，雌鱼体重 500 g 以上，雄鱼体重 300 g 以上，雌雄比以 2 ∶ 1 为宜。六线鱼的养殖符合 DB37/T 615 的要求。

4.2 选择

色泽正常、体形完整、无伤残，体表光洁无寄生虫、摄食良好、活动有力、体质健壮。

4.3 运输

4.3.1 运输方式　运输方式包括活水车、塑料袋充氧运输。

4.3.2 运输前准备　亲鱼运输前需停食 2 d。

4.3.3 运输要求　亲鱼运输过程中应保持盐度 26 ~ 32 内，温度可适当降低，但与养成环境温差小于 3 ℃。

4.4 培育

4.4.1 工厂化培育

4.4.1.1 水温　2℃ ~ 26℃，最适 14℃ ~ 16℃。

4.4.1.2 盐度　26 ~ 32。

4.4.1.3 pH7.8～8.5。

4.4.1.4 溶解氧　5.0 mg/L 以上。

4.4.1.5 光照强度　1000 Lx 以下。

4.4.1.6 水流量　流水培育，每天流水量为培育水体的 3～5 倍。

4.4.1.7 培育密度　3～5 尾 / 立方米。

4.4.2 网箱培育

4.4.2.1 规格　网箱规格可选用如下三种规格：3 m×3 m×3 m，4 m×4 m×3 m，5 m×5 m×3 m。

4.4.2.2 环境要求　最低潮水深 15 m 以上，海流通畅，远离污染区，水质清新，水温 2℃～26℃，盐度为 26～32，pH7.8～8.5，溶解氧 5.0 mg/L 以上，流速 0.2～0.4 m/s。

4.4.2.3 培育密度　3～5 尾 / 立方米。

4.4.3 性腺发育情况

在繁殖期，亲鱼性腺发育良好，雌性亲鱼腹部膨大且柔软，生殖孔红肿。轻压雄性亲鱼腹部能流出乳白色精液。

5 饲养管理

5.1 饲料

以鲜杂鱼、虾为主，适当添加配合饲料，配合饲料应符合 NY 5072 的规定，并根据培育时期以及性腺发育情况适当适量投喂。

5.2 投喂方法

投喂鲜杂鱼、虾时，每天投喂量为鱼体重的 2 %～3 %，配合饲料每天投喂量为鱼体重的 1 %～2 %，每天早、晚各投喂一次。

5.3 日常管理

每天做好培育水温、盐度、投饵等的生产记录，定期测量鱼的体长、体重等生长指标；按时观察鱼的摄食、活动，发现问题及时处理；定期清理池底，除去残饵粪便。定期检查网箱，检查网衣是否磨损或撕裂形成漏洞，以防网破逃鱼；定期清洗网箱，以防青泥苔等藻类黏附堵塞网目，影响水体交换，增加网箱体重，腐蚀网片材料；及时捞出网箱中的残渣剩饵和死鱼。

6 病害防治

6.1 观察检测

定期观察鱼的摄食和生长情况，发现病、死鱼，及时捞出，分析病因，并对病、死鱼进行无害化处理。

6.2 预防措施

坚持预防为主、防治结合的原则。定期做好亲鱼培育池、工具等的消毒工作，分池、倒池小心操作，避免鱼体受伤。定期向育苗池泼洒和在饵料中添加微生态制剂，防控病原发生。

6.3 药物使用

药物使用符合 NY 5071 的规定。严格控制抗生素的使用，禁用国家违禁药物。

附录二

《六线鱼苗种培育技术规范》
（DB37/T 2082-2012）

山东省质量技术监督局发布

2012-03-21 发布　2012-05-01 实施

1 范围

本规范规定了大泷六线鱼（*Hexagrammos otakii*）（又名欧氏六线鱼、六线鱼，俗称黄鱼）亲鱼培育、苗种培育和病害防治技术要求。

本规范适用于大泷六线鱼的苗种培育。

2 规范性引用文件

下列文件对于本文件的应用是必不可少的。凡是注日期的引用文件，仅所注日期的版本适用于本文件。凡是不注日期的引用文件，其最新版本（包括所有的修改单）适用于本文件。

GB 11607　渔业水质标准

GB/T 18407.4　农产品安全质量无公害水产品产地环境要求

NY 5052 无公害食品　海水养殖用水水质

NY 5071 无公害食品　渔用药物使用准则

NY 5072 无公害食品　渔用配合饲料安全限量

DB37/T 615　六线鱼养成技术规程

3 环境条件

3.1 场址选择

应选择靠近大泷六线鱼自然分布区的海岸，水质良好、交通通讯方便、供电供水有保障的地方建场。环境要求符合 GB/T 18407.4 的规定。

3.2 水质条件

水源符合 GB 11607 的要求，苗种培育水质符合 NY 5052 的要求。

4 苗种培育

4.1 设施

应建有蓄水池、沉淀池、动植物饵料培育车间、亲鱼培育车间、育苗车间、化验室等，并配备滤水、增氧、控温、进排水管道等设施设备。

4.2 亲鱼

4.2.1 来源　产于天然水域或人工养殖的 2 龄以上成鱼。人工养殖符合 DB37/T 615 的要求。

4.2.2 亲鱼选择　色泽正常、体形完整、无病无伤，摄食良好、活力良好。雌雄比以 2 ∶ 1 为宜，雌鱼体重 500 g 以上，雄鱼体重 300 g 以上。

4.2.3 亲鱼培育

4.2.3.1 培育设施　亲鱼培育池要求 30 ~ 50 m^3，池深 1.0 ~ 1.5 m，圆形或八角形，底部中央排水。常规深水网箱培育按照深水网箱的设计要求对符合条件的亲鱼进行海上培育。

4.2.3.2 放养密度　3 ~ 5 尾 / 立方米。

4.2.3.3 培育条件　亲鱼培育环境条件见表附 1。

附表 1　鱼培育环境条件

项目	范围
水温（℃）	2 ~ 26
盐度	26 ~ 32
DO（mg/L）	≥ 5.0
pH	7.8 ~ 8.2
光照（Lx）	1 000 以下
流水量（倍循环 / 日）	4 ~ 6

4.2.3.4 饵料投喂　以鲜杂鱼、虾为主，适当添加配合饲料，配合饲料应符合 NY 5072 的规定，并根据培育时期以及性腺发育情况适当适量投喂。

4.3 产卵与孵化

4.3.1 采卵与受精　采用人工挤卵干法授精方法。

4.3.2 洗卵　受精完成后，用新鲜过滤海水反复洗卵 3 ~ 5 次，移入孵化网箱内孵化。

4.3 .3 孵化

4.3.3.1 孵化方式　采用网箱流水充气孵化，孵化网箱采用 60 目筛绢。

4.3.3.2 孵化密度　流水充气孵化，孵化密度 $0.5 \times 10^5 \sim 1.0 \times 10^5$ 粒 / 立方米。

4.3.3.3 孵化密度　受精卵孵化环境条件见附表 2。

附表 2　受精卵孵化环境条件

项目	范围
水温（℃）	15 ~ 17
盐度	28 ~ 31
DO（mg/L）	≥ 5.0
pH	7.8 ~ 8.2
光照（Lx）	1 000 以下

4.3.3.4 孵化管理　流水、充气孵化，流水量 6 ~ 8 倍循环 / 日。及时剔除死卵，刷洗网箱和过滤棉袋。

4.3.4 苗种培育

4.3.4.1 仔鱼的收集　仔鱼孵出后，及时将仔鱼带水移入培育池。

4.3.4.2 仔鱼培育密度　$0.5 \times 10^4 \sim 0.8 \times 10^4$ 尾 / 立方米。

4.3.4.3 环境条件　仔鱼培育环境条件见附表 3。

附表 3 苗种培育的环境条件

项目	范围
水温（℃）	16 ～ 18
盐度	28 ～ 31
DO（mg/L）	≥ 5.0
pH	7.8 ～ 8.2
光照（Lx）	1 000 以下

4.3.4.4 前期饲育管理　仔鱼培育前期（前 5 d）主要以添加新水为主，逐渐采用少量换水 10% ～30%，并逐渐增加到 50% ～70%，之后采取微流水方法培育；从第 6 d 开始吸污清底；充气量前期稍小，后期逐渐加大。

4.3.4.5 饵料　育苗饵料一般为小球藻、轮虫、卤虫无节幼体、配合饲料，配合饲料要符合 NY 5072 的要求。人工培育的轮虫投喂前要经富含 EPA、DHA 的营养强化剂强化 12 h，卤虫无节幼体投喂前要经富含 EPA、DHA 的营养强化剂强化 6 h。仔鱼孵出后第 5 d 即开始投喂轮虫，每天 2～3 次，投喂密度为 4～6 个 / 毫升，第 10 d 开始投喂卤虫无节幼体，每天 2～3 次，投喂密度为 0.2～1.0 个 / 毫升，第 50 d 开始投喂配合饲料，30 日龄前每日向培育池中添加小球藻保持池内浓度为 30×10^4 ～ 50×10^4cell/mL。

4.3.4.6 后期饲育管理　鱼苗体长达 3～5 cm 以后，饲养密度控制在 800～1 000 尾 /m^3，流水培育，日流水量为 300 % ～500 %，投喂配合饲料，饲料粒径为 1 000～1300 μm，投喂量为鱼体重的 1%～3%，每日投喂 6～8 次，保持池底清洁，配合饲料符合 NY 5072 的要求。

4.4 苗种质量和规格

4.4.1 苗种质量　要求活力好、体形完整、无病无伤、无畸形，色泽正常摄食良好的苗种。全长合格率、伤残率应符合附表 4 的要求。

4.4.2 苗种规格　苗种规格符合附表 5 的要求。

表 4 苗种全长合格率、伤残率要求

项目	要求
全长合格率	≥ 95%
伤残率	≤ 5%

表 5 苗种规格要求

苗种规格	全长（cm）
一类	≥ 7.0
二类	≥ 4.0

5 病害防治

5.1 预防措施

坚持预防为主、防治结合的原则。定期做好苗种培育池、工具等的消毒工作，分池、倒池小心操作，避免鱼体受伤。定期向育苗池泼洒和在饵料中添加微生态制剂，防控病原发生。

5.2 严格控制抗生素的使用，禁用国家违禁药物

药物使用符合 NY 5071 的规定。杜绝使用国家违禁药物。

6 苗种运输

6.1 运输方式

运输方式包括活水车、塑料袋装海水充氧运输，水质符合 NY 5052 的要求。

6.2 运输前准备

苗种运输前 1 天应停止投喂。

6.3 运输要求

苗种运输过程中所用海水应保持盐度在其最适范围内，温度可适当降低，但与养成环境温差小于 3℃。

附录三

《无公害食品　渔用药物使用准则》
（NY 5071—2002）

中华人民共和国农业部发布

2002-7-25 发布 2002-09-01 实施

1 范围

本标准规定了渔用药物使用的基本原则、渔用药物的使用方法以及禁用渔药。

本标准适用于水产增养殖中的健康管理及病害控制过程中的渔药使用。

2 规范性引用文件

下列文件中的条款通过本标准的引用而成为本标准的条款。凡是注日期的引用文件，其随后所有的修改单（不包括勘误的内容）或修订版均不适用于本标准，然而，鼓励根据本标准达成协议的各方研究是否可使用这些文件的最新版本。凡是不注日期的引用文件，其最新版本适用于本标准。

NY 5070 无公害食品 水产品中渔药残留限量

NY 5072 无公害食品 渔用配合饲料安全限量

3 术语和定义

下列术语和定义适用于本标准。

3.1 渔用药物

用以预防、控制和治疗水产动植物的病、虫、害，促进养殖品种健康生长，增强机体抗病能力以及改善养殖水体质量的一切物质，简称“渔药”。

3.2 生物源渔药

直接利用生物活体或生物代谢过程中产生的具有生物活性的物质或从生物体提取的物质作为防治 水产动物病害的渔药。

3.3 渔用生物制品

应用天然或人工改造的微生物、寄生虫、生物毒素或生物组织及其代谢产物为原材料，采用生物学、分子生物学或生物化学等相关技术制成的、用于预防、诊断和治疗水产动物传染病和其他有关疾病的生物制剂。它的效价或安全性应采用生物学方法检定并有严格的可靠性。

3.4 休药期

最后停止给药日至水产品作为食品上市出售的最短时间。

4 渔用药物使用基本原则

4.1 渔用药物的使用应以不危害人类健康和不破坏水域生态环境为基本原则。

4.2 水生动植物增养殖过程中对病虫害的防治，坚持“以防为主，防治结合”。

4.3 渔药的使用应严格遵循国家和有关部门的有关规定，严禁生产、销售和使用未经取得生产许可证、批准文号与没有生产执行标准的渔药。

4.4 积极鼓励研制、生产和使用“三效”（高效、速效、长效）、“三小”（毒性小、副作用小、用量小）的渔药，提倡使用水产专用渔药、生物源渔药和渔用生物制品。

4.5 病害发生时应对症用药，防止滥用渔药与盲目增大用药量或增加用药次数、延长用药时间。

4.6 食用鱼上市前，应有相应的休药期。休药期的长短，应确保上市水产品的药物残留限量符合 NY 5070 要求。

4.7 水产饲料中药物的添加应符合 NY 5072 要求，不得选用国家规定禁止使用的药物或添加剂，也不得在饲料中长期添加抗菌药物。

5 渔用药物使用方法

各类渔用药物的使用方法见附表 1。

附表 1 渔用药物使用方法

渔药名称	用途	用法与用量	休药期 /d	注意事项
氧化钙（生石灰）（calcium oxydum ）	用于改善池塘环境，清除敌害生物及预防部分细菌性鱼病	带水清塘：200～250 mg/L（虾类：350～400 mg/L） 全池泼洒：20～25 mg/L（虾类：15～30 mg/L）		不能与漂白粉、有机氯、重金属盐、有机络合物混用
漂白粉（bleaching powder）	用于清塘、改善池塘环境及防治细菌性皮肤病、烂鳃病、出血病	带水清塘：20 mg/L 全池泼洒：1.0～1.5 mg/L	≥ 5	1. 勿用金属容器盛装 2. 勿与酸、铵盐、生石灰混用
二氯异氰尿酸钠（sodiumdichloroisocyanurate）	用于清塘及防治细菌性皮肤溃疡病、烂鳃病、出血病	全池泼洒：0.3～0.6 mg/L	≥ 10	勿用金属容器盛装
三氯异氰尿酸（trichloroisocyanuric acid）	用于清塘及防治细菌性皮肤溃疡病、烂鳃病、出血病	全池泼洒：0.2～0.5 mg/L	≥ 10	1. 勿用金属容器盛装 2. 针对不同的鱼类和水体的 pH，使用量应适当增减
二氧化氯（chlorine dioxide）	用于防治细菌性皮肤病、烂鳃病、出血病	浸浴：20～40 mg/L，5～10 min 全池泼洒：0.1～0.2 mg/L，严重时 0.3～0.6 mg/L	≥ 10	1. 勿用金属容器盛装 2. 勿与其他消毒剂混用

（续表）

渔药名称	用途	用法与用量	休药期 /d	注意事项
二溴海因（dibromodimethyl hydantoin）	用于防治细菌性和病毒性疾病	全池泼洒：0.2～0.3 mg/L		
氯化钠（食盐）（sodium chioride）	用于防治细菌、真菌或寄生虫疾病	浸浴：1% ～ 3%，5～20 min		
硫酸铜（蓝矾、胆矾、石胆）（copper sulfate）	用于治疗纤毛虫、鞭毛虫等寄生性原虫病	浸浴：8 mg/L（海水鱼类：8～10 mg/L），15 ～ 30 min 全池泼洒：0.5 ~ 0.7 mg/L（海水鱼类：0.7 ～ 1.0 mg/L）		1. 常与硫酸亚铁合用 2. 广东鲂慎用 3. 勿用金属容器盛装 4. 使用后注意池塘增氧 5. 不宜用于治疗小瓜虫病
硫酸亚铁（硫酸低铁、绿矾、青矾）ferrous sulphate	用于治疗纤毛虫、鞭毛虫等寄生性原虫病	全池泼洒：0.2 mg/L（与硫酸铜合用）		1. 治疗寄生性原虫病时需与硫酸铜合用 2. 乌鳢慎用
高锰酸钾（锰酸钾、灰锰氧、锰强灰）（potassium permanganate）	用于杀灭锚头鳋	浸浴：10~ 20 mg/L，15～30 min 全池泼洒：4～7mg/L		1. 水中有机物含量高时药效降低 2. 不宜在强烈阳光下使用
四烷基季铵盐络合碘（季铵盐含量为 50%）	对病毒、细菌、纤毛虫、藻类有杀灭作用	全池泼洒：0.3 mg/L（虾类相同）		1. 勿与碱性物质同时使用 2. 勿与阴性离子表面活性剂混用 3. 使用后注意池塘增氧 4. 勿用金属容器盛装

（续表）

渔药名称	用途	用法与用量	休药期 /d	注意事项
大蒜（crown's treacle，garlic）	用于防治细菌性肠炎	拌饵投喂：10 ～ 30 g/kg 体重，连用 4～6 d（海水鱼类相同）		
大蒜素粉（含大蒜素 10%）	用于防治细菌性肠炎	0.2 g/kg 体重，连用 4 ～ 6 d（海水鱼类相同）		
大黄（medicinal rhubarb）	用于防治细菌性肠炎、烂鳃	全池泼洒：2.5 mg/L ～ 4.0 mg/L（海水鱼类相同） 拌饵投喂：5 g/kg 体重～10 g/kg 体重，连用 4～6 d（海水鱼类相同）		投喂时常与黄芩、黄柏合用（三者比例为 5 ∶ 2 ∶ 3）
黄芩（raikai skullcap）	用于防治细菌性肠炎、烂鳃、赤皮、出血病	拌饵投喂：2～4 g/kg 体重，连用 4~6 d（海水鱼类相同）		投喂时需与大黄、黄柏合用（三者比例为 2 ∶ 5 ∶ 3）
黄柏（amur corktree）	用于防治细菌性肠炎、出血	拌饵投喂：3～6 g/kg 体重，连用 4~6 d（海水鱼类相同）		投喂时需与大黄、黄芩合用（三者比例为 3 ∶ 5 ∶ 2）
五倍子（chinese sumac）	用于防治细菌性烂鳃、赤皮、白皮、疖疮	全池泼洒：2～4 mg/L（海水鱼类相同）		
穿心莲（common andrographis）	用于防治细菌性肠炎、烂鳃、赤皮	全池泼洒：15～20 mg/L 拌饵投喂：10 ～20 g/kg 体重，连用 4～6 d		
苦参（lightyellow sophora）	用于防治细菌性肠炎，竖鳞	全池泼洒：1.0～1.5 mg/L 拌饵投喂：1～2 g/ kg 体重，连用 4～6 d		

（续表）

渔药名称	用途	用法与用量	休药期 /d	注意事项
土霉素（oxytetracycline）	用于治疗肠炎病、弧菌病	拌饵投喂：50～80 mg/kg 体重，连用 4～6 d（海水鱼类相同，虾类：50～80 mg/kg 体重，连用 5～10 d）	≥ 30（鳗鲡）≥ 21（鲶鱼）	勿与铝、镁离子及卤素、碳酸氢钠、凝胶合用
噁喹酸（oxolinic acid）	用于治疗细菌性肠炎病、赤鳍病，香鱼、对虾弧菌病，鲈鱼结节病，鲱鱼疖疮病	拌饵投喂：10~30 mg/kg 体重，连用 5～7 d（海水鱼类：1～20 mg/kg 体重；对虾：6～60 mg/kg 体重，连用 5 d）	≥ 25（鳗鲡）≥ 21（鲤鱼、香鱼）≥ 16（其他鱼类）	用药量视不同的疾病有所增减
磺胺嘧啶（磺胺哒嗪）（sulfadiazine）	用于治疗鲤科鱼类的赤皮病、肠炎病，海水鱼链球菌病	拌饵投喂：100 mg/kg 体重，连用 5 d（海水鱼类相同）		1. 与甲氧苄氨嘧啶（TMP）同用，可产生增效作用 2. 第一天药量加倍
磺胺甲噁唑新诺明、新明磺）（sulfamethoxazole）	用于治疗鲤科鱼类的肠炎病	拌饵投喂：100 mg/kg 体重，连用 5～7 d	≥ 30	1. 不能与酸性药物同用 2. 与甲氧苄氨嘧啶（TMP）同用，可产生增效作用 3. 第一天药量加倍
磺胺间甲氧嘧啶（制菌磺、磺胺 -6- 甲氧嘧啶）（sulfamonomethoxine）	用于治疗鲤科鱼类的竖鳞病、赤皮病及弧菌病	拌饵投喂：50～100 mg/kg 体重，连用 4～6 d	≥ 37（鳗鲡）	1. 与甲氧苄氨嘧啶（TMP）同用，可产生增效作用 2. 第一天药量加倍

（续表）

渔药名称	用途	用法与用量	休药期 /d	注意事项
氟苯尼考（florfenicol）	用于治疗鳗鲡爱德华氏病、赤鳍病	拌饵投喂：10.0 mg/d.kg 体重，连用 4 d～6 d	≥7(鳗鲡)	
聚维酮碘（聚乙烯吡咯烷酮碘、皮维碘、PVP-1、伏碘）（有效碘 1.0%）（povidone-iodine）	用于防治细菌性烂鳃病、弧菌病、鳗鲡红头病。并可用于预防病毒病：如草鱼出血病、传染性胰腺坏死病、传染性造血组织坏死病、病毒性出血败血症	全池泼洒：海、淡水幼鱼、幼虾：0.2～0.5 mg/L 海、淡水成鱼、成虾：1～2 mg/L 鳗鲡：2～4 mg/L 浸浴： 草鱼种：30 mg/L，15～20 min 鱼卵：30～50 mg/L（海水鱼卵：25～30 mg/L），5～15 min		1. 勿与金属物品接触。 2. 勿与季铵盐类消毒剂直接混合使用

注 1：用法与用量栏未标明海水鱼类与虾类的均适用于淡水鱼类。

注 2：休药期为强制性。

6 禁用渔药

严禁使用高毒、高残留或具有三致毒性（致癌、致畸、致突变）的渔药。严禁使用对水域环境有严重破坏而又难以修复的渔药，严禁直接向养殖水域泼洒抗菌素，严禁将新近开发的人用新药作为渔药的主要或次要成分。禁用渔药见附表 2。

附表 2　禁用渔药

药物名称	化学名称（组成）	别 名
地虫硫磷（fonofos）	O-2 基 -S 苯基二硫代磷酸乙酯	大风雷
六六六 BHC（HCH）（benzem，bexachloridge）	1，2，3，4，5，6- 六氯环己烷	
林丹（lindane，gammaxare，gamma-BHC gamma-HCH）	γ-1，2，3，4，5，6- 六氯环己烷	丙体六六六
毒杀芬（camphechlor）（ISO）	八氯莰烯	氯化莰烯
滴滴涕（DDT）	2，2- 双（对氯苯基）-1，1，1- 三氯乙烷	
甘汞（calomel）	二氯化汞	
硝酸亚汞（mercurous nitrate）	硝酸亚汞	
醋酸汞（mercuric acetate）	醋酸汞	
呋喃丹（carbofuran）	2，3- 二氢 -2，2- 二甲基 -7- 苯并呋喃基 - 甲基氨基甲酸酯	克百威、大扶农
杀虫脒（chlordimeform）	N-（2- 甲基 -4- 氯苯基）N´，N´- 二甲基甲脒盐酸盐	克死螨
双甲脒（anitraz）	1，5- 双 -（2，4- 二甲基苯基 -3- 甲基 -1，3，5- 三氮戊二烯 -1，4	二甲苯胺脒
氟氯氰菊酯（cyfluthrin）	a- 氰基 -3- 苯氧基 -4- 氟苄基（1R，3R）-3-（2，2- 二氯乙烯基）-2，2- 二甲基环丙烷羧酸酯	百树菊酯、百树得
氟氰戊菊酯（flucythrinate）	（R，S）- a- 氰基 -3- 苯氧苄基 -（R，S）-2-（4- 二氟甲氧基）-3- 甲基丁酸酯	保好江乌氟氰菊酯
五氯酚钠（PCP-Na）	五氯酚钠	
孔雀石绿（malachite green）	$C_{23}H_{25}CIN_2$	碱性绿、盐基块绿、孔雀绿
锥虫胂胺（tryparsamide）		
酒石酸锑钾（antimonyl potassium tartrate）	酒石酸锑钾	

（续表）

药物名称	化学名称（组成）	别 名
磺胺噻唑（sulfathiazolum ST.norsultazo）	2-（对氨基苯磺酰胺）- 噻唑	消治龙
磺胺脒（sulfaguanidine）	N_1- 脒基磺胺	磺胺胍
呋喃西林（furacillinum. nitrofurazon）	5- 硝基呋喃醛缩氨基脲	呋喃新
呋喃唑酮（furazolidonum，nifulidone）	3-（5- 硝基糠叉氨基）-2- 噁唑烷酮	痢特灵
呋喃那斯（furanace，nifurpirinol）	6- 羟甲基 -2-[-（5 硝基 -2- 呋喃基乙烯基）] 吡啶	P-7138（实验名）
氯霉素（包括其盐、酯及制剂）（Chloramphennicol）	由委内瑞拉链霉素产生或合成法制成	
红霉素（erythromycin）	属微生物合成，是 *Streptomyces eyythreus* 产生的抗生素	
杆菌肽锌（zinc bacitracin premin）	由枯草杆菌 *Bacillus subtilis* 或 *B.leicheniformis* 所产生的抗生素，为一含有噻唑环的多肽化合物	枯草菌肽
泰乐菌素（tylosin）	*S.fradiae* 所产生的抗生素	
环丙沙星（ciprofloxacin）（ClPRO）	为合成的第三代喹诺酮类抗菌药，常用盐酸盐水合物	环丙氟哌酸
阿伏帕星（avoparcin）		阿伏霉素
喹乙醇（olaquindox）	喹乙醇	喹酰胺醇羟乙喹氧
速达肥（fenbendazole）	5- 苯硫基 -2- 苯并咪唑	苯硫哒唑氨甲基甲酯
己烯雌酚（包括雌二醇等其他类似合成等雌性激素）（diethylstilbestrol，stilbestrol）	人工合成的非甾体雌激素	乙烯雌酚 人造求偶素
甲基睾丸酮（包括丙酸睾丸素、去氢甲睾酮以及同化物等雄性激素）（methyltestosterone，metandren）	睾丸素 C_{17} 的甲基衍生物	甲睾酮 甲基睾酮

附录四

《无公害食品 海水养殖用水水质》
（NY 5052-2001）

中华人民共和国农业部发布

2001-09-03 发布　　2001-10-01 实施

1 范围

本标准规定了海水养殖用水水质要求、测定方法、检验规则和结果判定。

本标准适用于海水养殖用水。

2 规范性引用文件

下列文件中的条款通过本标准的引用而成为本标准的条款。凡是注日期的引用文件，其随后所有的修改单（不包括勘误的内容）或修订版均不适用于本标准，然而，鼓励根据本标准达成协议的各方研究是否可使用这些文件的最新版本。凡是不注日期的引用文件，其最新版本适用于本标准。

GB / T 7467 水质　六价铬的测定　二苯碳酰二肼分光光度法

GB / T 12763.2 海洋调查规范　海洋水文观测

GB / T 12763.4 海洋调查规范　海水化学要素观测

GB / T 13192 水质　有机磷农药的测定　气相色谱法

GB 17378（所有部分）　海洋监测规范

3 要求

海水养殖水质应符合附表 1 要求。

附表 1　海水养殖水质要求

序号	项目	标准值
1	色、臭、味	海水养殖水体不得有异色、异臭、异味
2	大肠菌群，个 / 升	≤ 5 000，供人生食的贝类养殖水质≤ 500
3	粪大肠菌群，个 / 升	≤ 2 000，供人生食的贝类养殖水质≤ 140
4	汞，mg / L	≤ 0.000 2
5	镉，mg/L	≤ 0.005
6	铅，mg / L	≤ 0.05
7	六价铬，mg / L	≤ 0.01
8	总铬，mg / L	≤ 0.1
9	砷，mg / L	≤ 0.03
10	铜，mg / L	≤ 0.0l
11	锌，mg / L	≤ 0.1
12	硒，mg / L	≤ 0.02
13	氰化物，mg / L	≤ 0.005
14	挥发性酚，mg / L	0.005
15	石油类，mg / L	≤ 0.05
16	六六六，mg / L	≤ 0.001
17	滴滴涕，mg / L	≤ 0.000 05
18	马拉硫酸，mg / L	≤ 0.000 5
19	甲基对硫磷，mg / L	≤ 0.000 5
20	乐果，mg / L	≤ 0.1
21	多氯联苯，mg / L	≤ 0.000 02

4 测定方法

海水养殖用水水质按附表 2 提供方法进行分析测定。

附表 2 海水养殖水质项目测定方法

序号	项目	分析方法	检出限，mg / L	依据标准
1	色、臭、味	（1）比色法 （2）感官法	– –	GB/T 12763.2 GB 17378
2	大肠菌群	（1）发酵法 （2）滤膜法	–	GB 17378
3	粪肠菌群	（1）发酵法 （2）滤膜法	–	GB 17378
4	汞	（1）冷原子吸收分光光度法 （2）金捕集冷原子吸收分光光度法 （3）双硫棕分光光度法	1.0×10^{-6} 2.7×10^{-6} 4.0×10^{-4}	GB 17378 GB 17378 GB 17378
5	镉	（1）双硫腙分光光度法 （2）火焰原子吸收分光光度法 （3）阳极溶出伏安法 （4）无火焰原子吸收分光光度法	3.6×10^{-3} 9.0×10^{-5} 9.0×10^{-5} 1.0×10^{-5}	GB 17378 GB 17378 GB 17378 GB 17378
6	铅	（1）双硫腙分光光度法 （2）阳极溶出伏安法 （3）无火焰原子吸收分光光度法 （4）火焰原子吸收分光光度法	1.4×10^{-3} 3.0×10^{-4} 3.0×10^{-5} 1.8×10^{-3}	GB 17378 GB 17378 GB 17378 GB 17378
7	六价铬	二苯碳酰二肼分光光度法	4.0×10^{-3}	GB/T 7467
8	总铬	（1）二苯碳酰二肼分光光度法 （2）无火焰原子吸收分光光度法	3.0×10^{-4} 4.0×10^{-4}	GB 17378 GB 17378
9	砷	（1）砷化氢 – 硝化氢 – 硝酸银分光光度法 （2）氢化物发生原子吸收分光光度法 （3）催化极谱法	4.0×10^{-4} 6.0×10^{-5} 1.1×10^{-3}	GB 17378 GB 17378 GB 7585
10	铜	（1）二乙氨基二硫化甲酸钠分光光度法 （2）无火焰原子吸收分光光度法 （3）阳极溶出伏安法 （4）火焰原子吸收分光光度法	8.0×10^{-5} 2.0×10^{-4} 6.0×10^{-4} 1.1×10^{-3}	GB 17378 GB 17378 GB 17378 GB 17378
11	锌	（1）双硫腙分光光度法 （2）阳极溶出伏安法 （3）火焰原子吸收分光光度法	1.9×10^{-3} 1.2×10^{-3} 3.1×10^{-3}	GB 17378 GB 17378 GB 17378

（续表）

序号	项目	分析方法	检出限，mg/L	依据标准
12	硒	（1）荧光分光光度法 （2）二氨基联苯胺分光光度法 （3）催化极谱法	2.0×10^{-4} 4.0×10^{-4} 1.0×10^{-4}	GB 17378 GB 17378 GB 17378
13	氰化物	（1）异烟酸－唑啉酮分光光度法 （2）吡啶－巴比士酸分光光度法	5.0×10^{-4} 3.0×10^{-4}	GB 17378 GB 17378
14	挥发性酚	蒸馏后 4-氨基安替比林分光光度法	1.1×10^{-3}	GB 17378
15	石油类	（1）环己烷萃取荧光分光光度法 （2）紫外分光光度法 （3）重量法	6.5×10^{-3} 3.5×10^{-3} 0.2	GB 17378 GB 17378 GB 17378
16	六六六	气相色谱法	1.0×10^{-5}	GB 17378
17	滴滴涕	气相色谱法	3.8×10^{-6}	GB 17378
18	马拉硫磷	气相色谱法	6.4×10^{-4}	GB/T 13192
19	甲基对硫磷	气相色谱法	4.2×10^{-4}	GB/T 13192
20	乐果	气相色谱法	5.7×10^{-4}	GB 13192
21	多氯联苯	气相色谱法		GB 17378

注：部分有多种测定方法的指标，在测定结果出现争议时，以方法（1）测定为仲裁结果。

5 检验规则

海水养殖用水水质监测样品的采集、贮存、运输和预处理按 GB/T 12763.4 和 GB 17378.3 的规定执行。

6 结果判定

本标准采用单项判定法，所列指标单项超标，判定为不合格。

附录五

海水相对密度与盐度换算表 （*T*=17.5℃）

相对密度	盐度	相对密度	盐度	相对密度	盐度	相对密度	盐度
1.001 5	2.00	1.012 1	15.73	1.016 9	22.23	1.021 8	28.55
1.001 6	2.03	1.012 3	16.09	1.017 1	22.41	1.021 9	28.73
1.002	2.56	1.012 5	16.28	1.017 3	22.59	1.022 1	28.91
1.003	3.87	1.012 6	16.46	1.017 4	22.77	1.022 2	29.09
1.004	5.17	1.012 7	16.64	1.017 5	22.95	1.022 4	29.27
1.005	6.49	1.012 8	16.82	1.017 7	23.13	1.022 5	29.45
1.006	7.79	1.013 0	17.00	1.017 8	23.31	1.022 6	29.36
1.007	9.11	1.013 2	17.28	1.017 9	23.50	1.022 8	29.81
1.008 1	10.42	1.013 3	17.36	1.018 1	23.68	1.022 9	29.99
1.008 3	10.86	1.013 4	17.54	1.018 2	23.86	1.023 0	30.17
1.008 4	11.04	1.013 6	17.72	1.018 4	24.04	1.023 2	30.35
1.008 6	11.22	1.013 7	17.90	1.018 5	24.22	1.023 3	30.53
1.008 7	11.40	1.013 8	18.08	1.018 6	24.40	1.023 5	30.72
1.008 9	11.58	1.013 9	18.26	1.018 8	24.58	1.023 6	30.90
1.009 0	11.76	1.014 1	18.44	1.018 9	24.76	1.023 7	31.08
1.009 2	11.94	1.014 2	18.62	1.019 1	24.94	1.023 9	31.26
1.009 3	12.12	1.014 4	18.80	1.019 2	25.12	1.024 0	31.44
1.009 4	12.30	1.014 5	18.98	1.019 3	25.30	1.024 2	31.62
1.009 6	12.48	1.014 6	19.16	1.019 5	25.48	1.024 3	31.80
1.009 7	12.67	1.014 8	19.34	1.019 6	25.66	1.024 4	31.98
1.009 9	12.85	1.014 9	19.52	1.019 7	25.84	1.024 6	32.16
1.010 1	13.21	1.015 1	19.70	1.019 9	26.02	1.024 7	32.34
1.010 3	13.39	1.015 2	19.89	1.020 0	26.20	1.024 8	32.52
1.010 4	13.57	1.015 3	20.07	1.020 1	26.38	1.025 0	32.74
1.010 5	13.75	1.015 5	20.25	1.020 3	26.56	1.025 4	33.26
1.010 7	13.93	1.015 6	20.43	1.020 4	26.74	1.026 0	34.04
1.010 8	14.11	1.015 7	20.61	1.020 6	26.92	1.026 5	34.7

（续表）

相对密度	盐度	相对密度	盐度	相对密度	盐度	相对密度	盐度
1.010 9	14.29	1.015 9	20.79	1.020 7	27.11	1.027 1	35.35
1.011 1	14.47	1.016 0	20.97	1.020 8	27.29	1.028 0	36.65
1.011 2	14.65	1.016 2	21.15	1.020 9	27.47	1.028 5	37.3
1.011 4	14.83	1.016 3	21.33	1.021 1	27.65	1.029 0	37.95
1.011 5	15.01	1.016 4	21.51	1.021 3	27.83	1.029 5	38.6
1.011 6	15.19	1.016 6	21.69	1.021 4	28.01	1.030 5	39.9
1.011 7	15.37	1.016 7	21.87	1.021 5	28.19	1.031 5	41.2
1.011 9	15.55	1.016 8	22.05	1.021 7	28.37		

在不同温度下，海水相对密度与盐度的计算公式：

水温高于 17.5℃时：S=1305×（相对密度 −1）+0.3×（t−17.5）

水温低于 17.5℃时：S=1305×（相对密度 −1）+0.2×（17.5−t）